MACHINES
APPROUVÉES
PAR L'ACADEMIE
ROYALE
DES SCIENCES.

TOME CINQUIÉME.

MACHINES ET INVENTIONS APPROUVÉES PAR L'ACADEMIE ROYALE DES SCIENCES,

DEPUIS SON ETABLISSEMENT jusqu'à present ; avec leur Description.

Dessinées & publiées du consentement de l'Académie ; par M. GALLON.

TOME CINQUIÈME.

Depuis 1727. jusqu'en 1731.

A PARIS,

Chez { GABRIEL MARTIN, JEAN-BAPTISTE COIGNARD, Fils, HIPPOLYTE-LOUIS GUERIN, } Ruë S. Jacques.

MDCCXXXV.

AVEC PRIVILEGE DU ROY.

TABLE
DES MACHINES
Contenuës dans ce Cinquiéme Volume.

ANNE'E 1727.

ANNE'E 1728.

ANNÉE 1729.

ANNÉE 1730.

ANNÉE 1731.

ORDRE POUR PLACER LES FIGURES *de ce cinquiéme Volume.*

PRIVILEGE GENERAL.

LOUIS PAR LA GRACE DE DIEU ROI DE FRANCE ET DE NAVARRE : A nos amés & feaux Conseillers les gens tenans nos Cours de Parlement, Maîtres des Requêtes ordinaires de notre Hôtel, Grand Conseil, Prevôt de Paris, Baillifs, Sénéchaux, leurs Lieutenans Civils, & autres nos Justiciers qu'il appartiendra, SALUT. Notre ACADEMIE ROYALE DES SCIENCES, Nous a très-humblement fait exposer, que depuis qu'il nous a plû lui dônner par un Réglement nouveau de nouvelles marques de notre affection, Elle s'est appliquée avec plus de soin à cultiver les Sciences qui font l'objet de ses exercices, ensorte qu'outre les Ouvrages qu'Elle a déja donnés au Public, elle seroit en état d'en produire encore d'autres, s'il nous plaisoit lui accorder de nouvelles Lettres de Privilege, attendu que celles que nous lui avons accordées en date du six Avril mil six cent quatre-vingt-dix-neuf, n'ayant point eu de tems limité, ont été déclarées nulles par un Arrêt de notre Conseil d'Etat du treize Août mil sept cent treize, celles de mil sept cent quatre, & celles de mil sept cent dix-sept, étant aussi expirées ; & desirant donner à notredite Académie en corps, & en particulier, & à chacun de ceux qui la composent, toutes les facilités & les moyens qui peuvent contribuer à rendre leurs travaux utiles au Public ; Nous avons permis & permettons par ces Présentes, à notredite Académie, de faire imprimer, vendre ou débiter, dans tous les lieux de notre obéïssance, par tel Imprimeur ou Libraire qu'Elle voudra choisir, *Toutes les Recherches, ou Observations journalieres, ou Relations annuelles de tout ce qui aura été fait dans les Assemblées de notredite Académie Royale des Sciences; comme aussi les Ouvrages, Mémoires, ou Traités de chacun des particuliers qui la composent ; & généralement tout ce que ladite Académie jugera à propos de faire paroître, après avoir fait examiner lesdits Ouvrages, & jugé qu'ils sont dignes de l'impression* ; & ce pendant le tems & espace de QUINZE ANNE'ES consecutives à compter du jour de la date desdites Présentes. Faisons défenses à toutes sortes de personnes, de quelque qualité & condition qu'elles soient, d'en introduire d'impression étrangére dans aucun lieu de notre obéïssance; comme aussi à tous Imprimeurs, Libraires, & autres d'imprimer ou faire imprimer, vendre, faire vendre, débiter, ni contrefaire aucuns desdits Ouvrages ci-dessus specifiés, en tout ni en partie, ni d'en faire aucuns Extraits, sous quelque prétexte que ce soit, d'augmentation, correction, changement de titre, feuilles même séparées, ou autrement, sans la permission expresse & par écrit de notredite Académie, ou de ceux qui auront droit d'Elle, & ses ayans cause, à peine de confiscation des Exemplaires contrefaits, de *Dix mille livres d'amende* contre chacun des contrevenans, dont un tiers à Nous, un tiers à l'Hôtel-Dieu de Paris, l'autre tiers au Dénonciateur; & de tous dépens, dommages & intérêts; à la charge que ces Présentes seront enregistrées tout au long sur le Régistre de la Communauté des Libraires & Imprimeurs de Paris, dans trois mois de la date d'icelles; que l'impression desdits ouvrages sera faite dans notre Royaume, & non ailleurs; & que notredite Académie se conformera en tout aux Réglemens de la Librairie; & notamment à celui du dixiéme Avril mil sept cent vingt-cinq; & qu'avant que de les exposer en vente, les Manuscrits ou Imprimés qui auront servi de Copie à l'impression desd. Ouvrages, seront remis dans le même état, avec les Approbations & Certificat qui en auront été donnés ès mains de notre très-cher & féal Chevalier Garde des Sceaux de France le Sieur CHAUVELIN; & qu'il en sera ensuite remis deux Exemplaires de chacun dans notre Bibliotheque publique, un dans celle de notre Château du Louvre, & un dans celle de notredit très-cher & féal Chevalier Garde des Sceaux de France le Sieur CHAUVELIN; le tout à peine de nullité des Présentes. Du contenu desquelles vous mandons & enjoignons de faire jouir notredite Académie, ou ceux qui auront droit d'elle & ses ayans cause, pleinement & paisiblement, sans souffrir qu'il leur soit fait aucun trouble ou empêchement: Voulons que la copie desdites Présentes qui sera imprimée tout au long au commencement ou à la fin desd. Ouvrages, soit tenuë pour dûement signifiée, & qu'aux copies collationnées par l'un de nos amés & féaux Conseillers & Secretaires, foi soit ajoûtée comme à l'Original. Commandons au premier notre Huissier ou Sergent de faire pour l'exécution d'icelles tous actes requis & nécessaires, sans demander autre permission, & nonobstant clameur de Haro, Chartre Normande & Lettres à ce contraires. CAR tel est notre plaisir. DONNÉ à Fontainebleau le douziéme jour du mois de Novembre, l'an de grace mil sept cent trente-quatre; & de notre Regne le vingtiéme. Par le Roi en son Conseil. SAINSON.

Regiſtré ſur le Regiſtre VIII. de la Chambre Royale & Syndicale des Libraires & Imprimeurs de Paris, num. 792. fol. 775. conformément au Reglement de 1723. qui fait defenses, Art. IV. à toutes personnes, de quelque qualité & condition qu'elles soient, autres que les Libraires & Imprimeurs, de vendre, debiter & faire afficher aucuns Livres pour les vendre en leur nom, soit qu'ils s'en disent les Auteurs ou autrement, & à la charge de fournir les Exemplaires prescrits par l'Art. CVIII. du même Reglement. A Paris le 15. Novembre 1734. G. MARTIN, Syndic.

L'Académie Royale des Sciences a cedé aux Sieurs G. Martin, Coignard fils, & Guerin, l'aîné, Libraires à Paris, la joüissance du Privilege général par elle obtenu le 12. Novembre de la présente année 1734. pour les *Histoires* & *Memoires de ladite Académie, depuis son établissement en 1666. jusques & compris l'année* 1710. avec les *Tables du Recueil entier de l'Académie*; comme aussi pour le RECUEIL DES MACHINES APPROUVÉES PAR LADITE ACADEMIE; le tout conformément aux Délibérations, & ainsi que lesdits Sieurs en ont joüi en vertu du précédent Privilege. Fait à Paris le 20. Novembre 1734.

Signé, FONTENELLE, Secretaire perpetuel de l'Académie Royale des Sciences.

Registré sur le Registre VIII. de la Communauté des Libraires & Imprimeurs de Paris, page 778. *conformément aux Reglemens, & notamment à l'Arrêt du Conseil du* 13. *Août* 1703. *A Paris le vingt Novembre mil sept cent trente-quatre.*

G. MARTIN, Syndic.

RECUEIL

RECUEIL
DES MACHINES
APPROUVÉES
PAR L'ACADÉMIE ROYALE
DES SCIENCES.

ANNÉE 1727.

PLANCHETTE OU INSTRUMENT TRIGONOMETRIQUE,

QUI SERT D'ASTROLABE ET DE QUARTIER de reduction, pour lever la Carte d'un Pays, pour jetter des Bombes, pour prendre la hauteur des Astres, pour resoudre les Routes de Navigation sans calcul, avec presque autant de précision, & plus promptement que si l'on se servoit des Tables des Logarithmes.

INVENTE' PAR M. CLAIRAUT LE PERE.

CE titre semble trop promettre, & même annoncer un instrument fort composé ; mais l'on verra dans un moment que toutes ces opérations de Geometrie-pratique qui ne roulent pour l'ordinaire que sur la résolution des triangles rectilignes, se peuvent exécuter très-simplement.

1727. N°. 296.

Si l'on fait attention aux meilleurs expédiens que l'on a

1727.
N°. 296.

eûs jusqu'à présent pour ces sortes de résolutions, l'on en verra deux qui réussissent assez généralement ; l'un en réduisant ces triangles de grand en petit avec autant de justesse qu'il est possible par le moyen d'une échelle & de la mesure des angles ; l'autre en calculant les lignes & les angles par le moyen des Tables des Logarithmes.

Ces deux expédiens ont chacun leur avantage & leur inconvenient ; le premier par le secours de la Planchette, du compas de proportion & du rapporteur est très-court, mais il exige beaucoup d'habileté en opérant, parce que les fautes insensibles dans les figures que l'on trace sur le papier deviennent considérables à proportion de l'étendue que ces figures représentent ; le second est plus exact, il employe simplement le demi-cercle ou l'astrolabe, & se sert du calcul, & par conséquent il oblige à feuilleter les Tables des sinus à copier les nombres correspondans aux côtés ou aux angles connus, à faire les calculs convenables, ensuite à chercher dans ces Tables à quels nombres se rapportent leurs résultats, & même sans négliger les fractions.

Cependant malgré ces inconveniens, il faut avoüer que la Planchette & le compas de proportion ont des propriétés admirables ; & que l'invention des Logarithmes sera toujours une des plus utiles productions des Mathématiques.

On s'est proposé après avoir fait réfléxion sur ces belles découvertes, de les réünir, & de faire ensorte que la Planchette en profitât.

Pour cela on a trouvé le moyen de marquer assez distinctement dans la superficie d'un cercle de vingt-un pouces de diametre tous les logarithmes, tant des sinus des dégrés & minutes, que des nombres naturels jusqu'à dix mille, sur des circonférences concentriques.

L'alhidade ou la regle mobile qui porte des pinules est une espece de compas de proportion, dont le centre est réüni à celui de la Planchette par le moyen d'un écrou. On ouvre entierement ce compas pour voir un objet, & après avoir observé sur le bord de la Planchette à quel dégré & minute se trouve la ligne de foi, l'on ferme le compas, ensorte que ses jambes puissent être ajustées sur deux termes de la proportion par le moyen des parties égales qui y sont, & qui se rapportent sur chaque circonférence; ensuite de quoi l'on n'a plus qu'à tourner totalement ce compas sans changer son ouverture jusqu'à ce que la jambe qui contient le premier terme de la proportion se trouve sur le troisiéme terme; alors l'autre jambe se sera avancée d'elle-même, & donnera le quatriéme terme, c'est-à-dire, la résolution du côté ou de l'angle qu'on cherche souvent à une minute près à la seule inspection, sans rien tracer ni écrire.

1727. N°. 296.

Pour éviter autant qu'il est possible que le petit ne gouverne le grand, c'est-à-dire, que des petites erreurs n'en produisent de plus grandes, on a pris une base de deux cens cinquante toises pour sinus total, afin que cette longueur étant divisée réellement en un million de parties égales puisse représenter tous les Logarithmes nécessaires pour chaques dégrés & minutes, aussi-bien que pour les toises, pieds, &c.

Il est aisé de voir qu'il a fallu non-seulement faire autant de divisions qu'il y a de Logarithmes; mais encore placer exactement les quotiens de distances en distances sur cette longue base. On l'a executé en 1716. selon une premiere idée dans un quarré d'un pied rempli de lignes paralleles, qui toutes ensemble faisoient la base de deux cens cinquante toises, & en 1720. il vint en pensée de les tourner en spirales sur cette Planchette; mais prévoyant quelques difficultés dans l'usage, on se détermina à faire des circonférences concentriques également distantes les unes des autres; les lignes paralleles qu'on avoit déja tracées sur le quarré épargnérent beau-

1727. No. 296.

coup de peine. Pour avoir le nombre des circonférences nécessaires sur la Planchette, on a divisé ces deux cens cinquante toises par 65 pouces, circonférence de la Planchette, il est venu 277. Ensuite on a divisé la premiere & plus grande circonférence en 360 dégrés, & chaque dégré de 6 en 6 minutes par transversales, afin d'avoir une échelle commune à toutes les circonférences, ou un diviseur général de 3600 parties égales pour tous les Logarithmes. Chaque quotient a donné l'expression d'un Logarithme contenant un certain nombre de circonférences completes, & on a posé le surplus sur l'arc de la circonférence suivante en commençant toujours sur un même rayon.

Le calcul ayant donné une trop grande étendue pour la premiere minute, on a jugé à propos de retrancher 148 circonférences du nombre 277, & on n'en a gardé sur l'instrument que 130, afin d'avoir sur dix pouces & demi ou 128 lignes, l'intervalle d'une ligne a fort peu près entre chaque circonférence pour pouvoir, sans se fatiguer la vûë, distinguer nettement les logarithmes proposés.

Quoiqu'on ait retranché 148 circonférences du nombre 277, cela n'empêche pas que la premiere minute ne soit encore éloignée du centre de 32 circonférences, comme on le peut voir ici dans la Figure *MMM*, qui représente un secteur à la 12me circonférence. L'on voit aussi sur la 110me l'extrémité du *Logarithme de 8800*, ainsi des autres.

Il est à remarquer que ces circonférences qui expriment par leurs divisions tous les Logarithmes ont aussi la proprieté de se conformer en quelque maniere par leur inégalité à celles des Logarithmes, en ce que non-seulement les petites font autant d'effet que des grandes, puisqu'elles sont proportionnelles à leurs rayons, mais encore en ce qu'il en resulte une suffisante compensation dans les différences des Logarithmes qui sont très-grandes au commencement & très-petites vers la fin.

Ceux qui trouveront ces circonférences encore trop proches, pourront en retrancher davantage du nombre 277, parce que de deux manieres que l'on a pour trouver un quatriéme proportionel à trois autres, il y en a une qui donne cette liberté.

Celle dont on se sert ordinairement retranche le Logarithme du premier terme de la somme de ceux du second & troisiéme, & celui qui reste est le Logarithme du quatriéme qu'on cherche.

L'autre fait prendre la différence des Logarithmes des deux premiers termes pour l'ajouter à celui du troisiéme, si la proportion va en augmentant, ou l'ôter si elle va en diminuant, & la somme ou la différence donne celui du quatriéme : & c'est en vertu de cette propriété qu'on a retranché les 148 circonférences & même que l'on a entrepris de faire l'instrument; car par cette maniere, il est inutile d'avoir un Logarithme entier, puisque l'on peut trouver la différence de deux Logarithmes sans avoir leur commencement, & que l'on n'a besoin que des nombres indicateurs à l'une de leurs extrémités comme dans les simples échelles de parties égales.

Si l'on faisoit cet instrument plus grand, par exemple, d'un diametre double, on auroit quatre fois autant d'étendue pour les petites minutes, puisque la superficie fait ici un avantage.

Sur chaque jambe du compas de proportion sont des lettres de renvoi à chacun des dix-huit secteurs pour un nombre proposé. Une des jambes contient les dégrés & minutes, & l'autre les nombres naturels.

Pour plus de facilité les dégrés & minutes sont marquées par des points au-dessous de chaque circonférence, & les nombres au-dessus.

Il faut seulement observer sur laquelle des deux jambes qui sont posées sur les deux antécedens de la proportion se trouve le plus grand terme; & si cette proportion va en augmentant, on tourne le compas du côté de ce plus

1727.
N°. 296.

grand terme sans changer son ouverture, & au contraire si elle va en diminuant, se souvenant d'ajouter les nombres des circonférences qui sont entre les deux antecedens en-dessus ou en dessous du 3[ne] terme, aussi selon que la proportion augmente ou diminue.

On sçait, pour peu de connoissance qu'on ait dans les Mathématiques, que les proportions en sont l'ame, & que la Trigonometrie y est employée continuellement; ainsi cet instrument sera d'un grand secours; plus on s'en servira, plus on expédiera promptement & avec autant de précision qu'il est nécessaire dans la pratique, ces opérations étant très-simples & fondées sur la similitude des triangles, de même que le quartier de réduction que ces circonférences concentriques produisent naturellement. Voici quelques exemples qui apprennent l'usage de cet instrument.

EXEMPLE I.

On veut multiplier 80 toises, 2 pieds, 5 pouces par 38 toises, 4 pieds, 3 pouces; l'instrument donne $3112\frac{1}{2}$. & pour preuve par une opération contraire on divisera ces $3112\frac{1}{2}$ par l'un des deux multiplians, & l'on trouvera l'autre.

EXEMPLE II.

On veut multiplier 88 marcs, 5 onces, 4 gros par 47 livres, 16 sols, 4 deniers; l'instrument donne 4240 livres, 15 sols.

EXEMPLE III.

Il faut extraire la racine quarrée de 6205, l'instrument donne $78\frac{1}{4}$ peu plus.

EXEMPLE IV.

Il s'agit de trouver le rapport de deux quantités composées

posées de plusieurs produits, par exemple, de quatre, afin d'être court, comme si l'on demande combien une digue de 800 toises, 5 pieds, 4 pouces de long sur 25 toises, 5 pieds, 8 pouces de large, & 9 toises, 2 pieds, 6 pouces de haut sera plus grande ou coutera plus à proportion qu'une autre de 140 toises, 1 pied, 6 pouces de long sur 18 toises, 4 pieds, 6 pouces de large, & 4 toises, 0 pied, 6 pouces de haut, à couté 506000 liv. l'instrument donne 8988000 livres.

EXEMPLE V.

L'on veut mesurer la distance inaccessible d'un certain endroit à un bastion, l'on a pris une base de 62 toises, 3 pieds; les deux angles sur la base sont, l'un de 56 dégrés, 54 minutes opposé à la distance qu'on demande, & l'autre de 117 dégrés, 7 minutes, donc l'angle inaccessible est de 5 dégrés, 59 minutes, & l'instrument donnera 984 toises, 3 pieds, 0 pouce.

EXEMPLE VI.

On veut jetter une bombe à 3697 pieds, 6 pouces, sçachant qu'avec deux livres de poudre le même mortier en a envoyé une égale avec un angle de 40 dégrés, 10 minutes à 4284 pieds, l'instrument donne 29 dégrés, 9 minutes.

EXEMPLE VII.

Un vaisseau est parti de 48 dégrés, 25 minutes de latitude, & 12 dégrés, 24 minutes de long, & ayant cinglé par un vent N. O. ¼ O. jusqu'à 50 dégrés, 47 minutes de latitude, on demande la longitude de l'arrivée & combien le vaisseau a fait de lieues, l'instrument donne 6 dégrés, 56 minutes, 57″ pour la longueur; & 85 lieues, 125 toises pour la route, &c.

Planchette qui supplée aux Tables des logarithmes et qui resoud les triangles sans calcul.

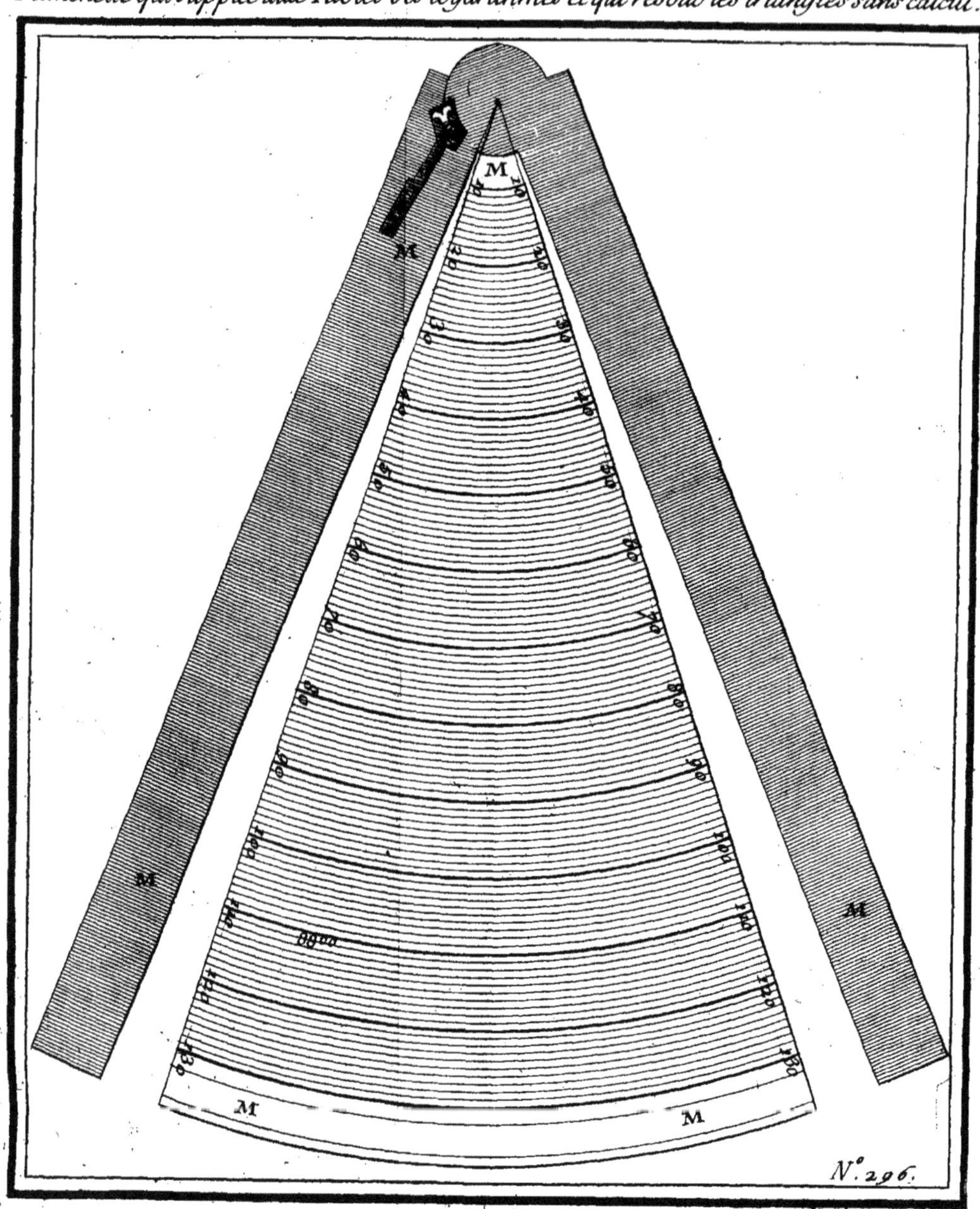

Herisset Sculp.

CLAVECIN

INVENTÉ

PAR M. THEVENART.

LE nouveau Clavecin AB ne différe des Clavecins ordinaires CD qu'en ce que dans celui-ci la moitié des cordes est supprimée, c'est-à-dire, qu'au lieu d'être doubles, elles sont simples, sans que (à ce que prétend l'Auteur) l'harmonie en soit changée, ce qui provient de la nouvelle construction du sautereau, qui consiste en ce qui suit. 1727. N°. 297.

L'on sçait que les sautereaux ordinaires sont composés de soyes, de languettes & de ressorts; le sautereau EF proposé, n'a rien de toutes ces choses. La Machine G qui pince la corde est de métal, son centre de mouvement placé à l'endroit I; & comme il est plus fort de matiere à sa partie inférieure L qu'à la tête G, il s'ensuit qu'après avoir pincé la corde, il revient en son premier état. Ce mouvement est donc produit par la maniere dont il est placé. La tête G doit être telle qu'elle puisse se séparer avec douceur de la corde après l'avoir pincée. Cet effet se produit en faisant le dessous de cette tête en biseau, comme on le peut voir dans la figure. L'on met toujours un morceau de drap pour étouffer le son, de même qu'aux sautereaux déja en usage.

Toutes ces Machines étant fondues dans ce même moule il est sûr que la main se trouvera bien plus égale, outre que par cette espece de sautereau on supprime la sujétion de remplumer les sautereaux dont on se sert ordinairement.

1727. N°. 297.

Nouveau Clavecin.

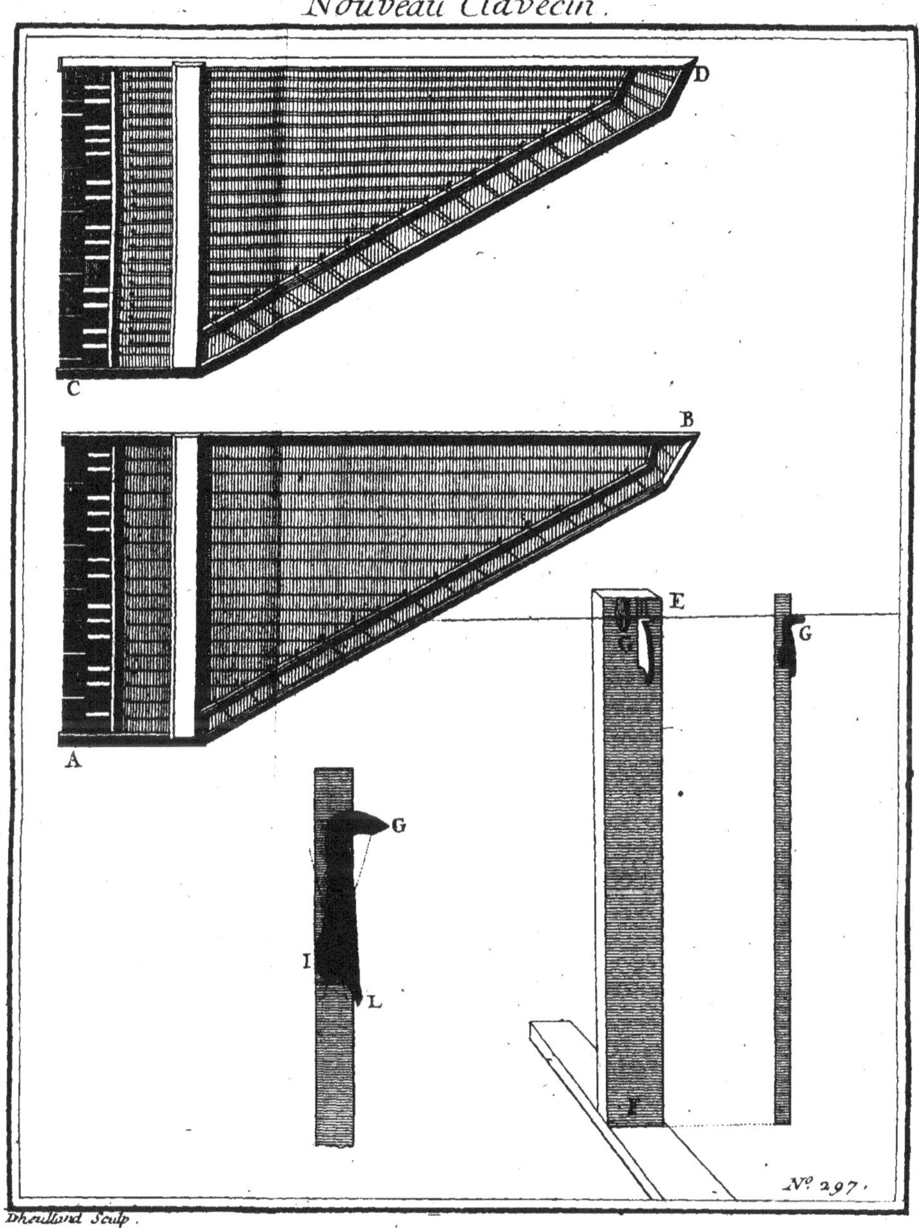

Dheulland Sculp.

PONT SUR BATTEAUX, INVENTÉ PAR M. DU BOIS.

CHAQUE partie comme A, B, C, D, qui compose le Pont, & que nous appellerons *travée*, est supportée par trois bateaux plats E, F, G. Un batis HILM qui tient lieu de pile, & qui s'éleve verticalement dans chaque bateau, sert à cet usage. *Voyez le bateau E.* 1727. N°. 298. 299.

La longueur de ces bateaux, détermine la largeur du Pont, qui cependant doit être telle que la Cavalerie & le Chariot y puissent passer.

Le Pont se construit d'un nombre de travées proportionné à la largeur de la riviere que l'on veut passer; ces travées se joignent ensemble comme on le dira dans un moment. L'extrémité AB de la premiere travée est armé d'une espece de fermeture de camp, à peu près semblable à celles qui se trouvent décrites dans *le Chevalier de Ville* & *Errard*, & se hausse & baisse de la même maniere, afin d'en empêcher le passage; pour cet effet on employe un ou deux hommes dans le premier bateau E, dans lequel on établit un treüil PQ, au moyen duquel on ferme & l'on ouvre l'entrée du Pont; ce qui se fait de cette maniere.

Au milieu du treüil PQ eſt fixé un bras RS; à l'ex-
1727. trémité S tient une ſeconde piece ST, qui aſſemble les
Nº. 298. deux bras RS, TV; ce dernier eſt fixé au milieu d'un
299. ſecond treüil VX conſtruit deſſous la fermeture ON à
PLANCHE laquelle il tient par ſes extrémités, au moyen de deux
II. pieces telles que *ab*V courbées & attachées aux endroits V*a*.

Les trois treüils, c'eſt-à-dire, l'arbre de la fermeture YZ, & les deux autres VX, PQ, ſe meuvent librement ſur eux-mêmes, & les bras VT, RS, ſont auſſi mobiles autour de leurs cloux ST; de maniere que quand on éleve la bare W, lui faiſant faire le chemin W, *u*, les bras RS, TV, ſe mettent à peu près dans une ſituation horiſontale, & par conſéquent la fermeture O fait le chemin O, *o*, & donne la liberté de paſſer ſur le Pont : on agit tout au contraire quand on le veut fer-
PLANCHE mer. Cette premiere travée ſe joint à une ſeconde par
I. les appuis & par les poutres de chaque bord, avec des vis; elles pourroient encore être aſſemblées par des coins, ainſi que le Pont flottant approuvé en 1713. ce qui ſeroit préférable tant pour abréger le tems que pour la ſolidité.

Mais comme il reſte un certain vuide entre les poutres aux extrémités de chaque travée, l'on fait à cet endroit un treüil garni d'autant de pieces de bois comme D, qu'il y a de vuides, & d'une groſſeur à les pouvoir remplir; & lorſque les travées ſont aſſemblées on tourne ce treüil, qui fait baiſſer ces pieces D dans les intervalles, ce qui ſe fait comme il a été dit pour la fermeture.

Pont sur Batteaux.

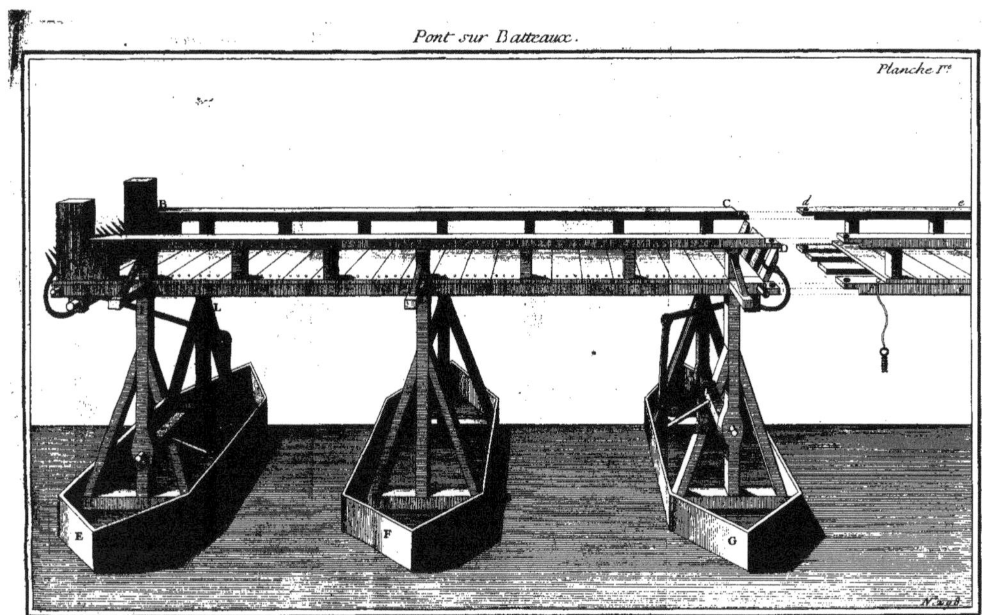

Herisset Sculp.

Développement du Pont sur Batteaux.

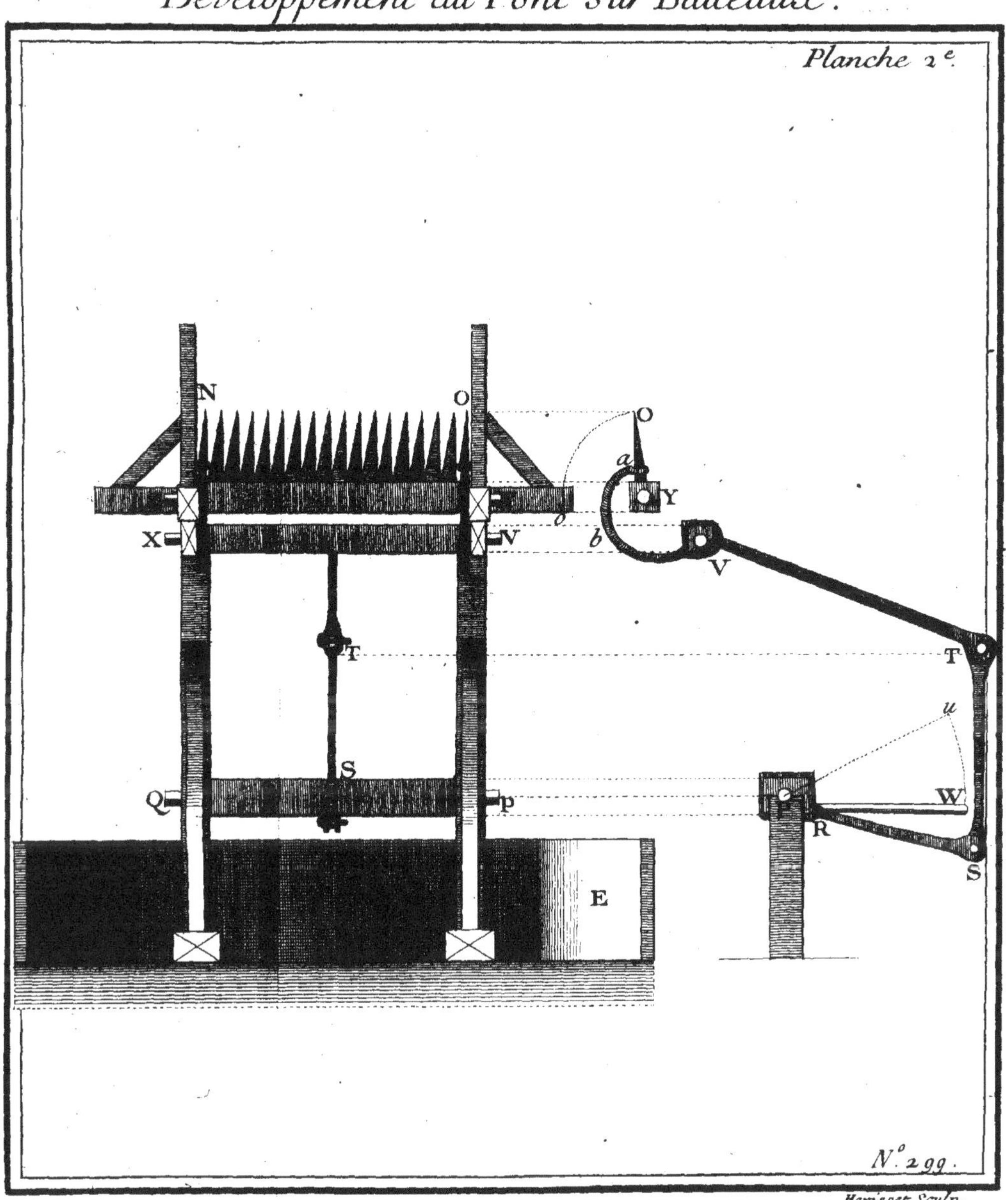

GLOBE MOUVANT

INVENTÉ

PAR M. L'ABBÉ OUTHIER, PRESTRE.

LE Globe de cuivre AB est de 5 pouces de diametre, porté par l'axe du Monde dans un cercle meridien qui est enclavé dans l'horison comme aux spheres ordinaires, & a une élévation de Pole déterminée, par exemple, de quarante-neuf dégrés.

1727.
Nº. 300.

Sur ce Globe sont gravées la plûpart étoiles fixes avec les constellations & tous les cercles de la Sphere; l'équinoctial est divisé en 360 dégrés, & l'Ecliptique a à chacun de ses côtés une division, l'une au Septentrion en douze signes, & chaque signe en 30 dégrés.

L'autre division au Midi est en 365 jours distribués en douze mois selon la quantité d'un chacun, & chaque jour répondant au dégré du signe où le soleil se trouve ce jour-là; ensorte même que les six Signes septentrionaux occupent huit jours plus que les meridionaux.

Un petit cadran ordinaire ST de douze heures, est fixé sur le Meridien au Pole Arctique; une aiguille y marque les heures qui sont sonnées sur le timbre R qui est au Zenit du même horison de 49 dégrés.

Le Globe marqué ici par CD contient un mouvement de Pendule ordinaire EPF, la sonnerie est du côté, E & du côté P est l'échappement & le Pendule PO. Ce mouvement fait marquer par l'aiguille les heures sur le

1727.
N°. 300.

cadran ST & fait auſſi faire une révolution entiere au Globe d'Orient en Occident en 23 heures 56 minutes & quelques ſecondes.

Autour du Pole meridional de l'Ecliptique Z, tournent deux branches MK & une piece excentrique, qui porte une troiſiéme branche. Cette piece excentrique & ces branches ſont conduites par l'aſſemblage de roues & pignons GHLI, dont on ne peut donner les nombres, l'Inventeur s'étant réſervé cette connoiſſance; mais on les pourroit trouver avec quelque ſecours. La branche K porte & conduit le ſoleil. La ſeconde branche M attachée à la troiſiéme, fait par le moyen de l'excentrique que la Lune prend ſes latitudes meridionales & ſeptentrionales, & ne ſe trouve ſur l'Ecliptique que dans deux points oppoſés, leſquels points ne ſe trouvent pas toûjours au même dégré du Zodiaque; mais par le mouvement de la piece excentrique avancent chaque année vers l'Occident, c'eſt-à-dire, contre l'ordre des ſignes, de 19 dégrés & quelques ſecondes.

Un petit Globe d'yvoire M placé au bout de la ſeconde branche, qui eſt moitié blanc & moitié noir, repréſente la Lune; cette boule tourne toujours vers le ſoleil ſa partie blanche par le moyen des pieces que l'on voit placées dans la concavité de la branche M, & qui ont communication au petit rouage HI: on aura donc par cette Mecanique les phaſes de la Lune.

L'on voit que les branches MK ſont placées extérieurement & que la plus élevée K porte le Soleil, qui de même que la Lune eſt emporté par le mouvement du Globe tous les jours d'Orient en Occident; mais par le petit aſſemblage de roues ci-deſſus, il eſt porté inſenſiblement par ſon mouvement propre d'Occident en Orient ſur l'écliptique, & en acheve le tour en une année avec une telle régularité, que ſouffrant en ſon mouvement les différences de plus ou de moins de vîteſſe cauſées par l'apogée & le perigé rigée, il demeure huit jours plus dans les signes septentrionaux que dans les meridionaux, quoique les uns & les autres occupent un égal espace dans l'écliptique.

Enfin par le mouvement du Globe on peut voir le lever & le coucher du soleil, & la médiation des étoiles fixes, avec leurs amplitudes orientales & occidentales. Par le mouvement du Soleil, on voit chaque jour son lieu dans le Zodiaque & le jour du mois, son lever, son coucher avec ses amplitudes, sa médiation avec la différence du tems moyen qu'on voit au petit cadran, & encore plus précisément par les heures, sur-tout par le Midi qui sonne sur le timbre; on voit aussi ses déclinaisons, & ses différentes élévations dans le meridien.

Par les quatre différens mouvemens de la Lune, on connoît, 1°. son lever, sa médiation & son coucher avec ses amplitudes; 2°. son lieu au Zodiaque, ses conjonctions & autres aspects; 3°. sa latitude septentrionale ou meridionale, & par conséquent les éclipses lorsqu'elle n'a point ou peu de latitude au tems des conjonctions ou oppositions.

Pour mieux connoître les éclipses de Soleil, on l'a percé d'un petit trou au milieu; 4°. on voit ses phases par le moyen du mouvement qu'elle a sur son centre.

Globe Celeste Mouvant

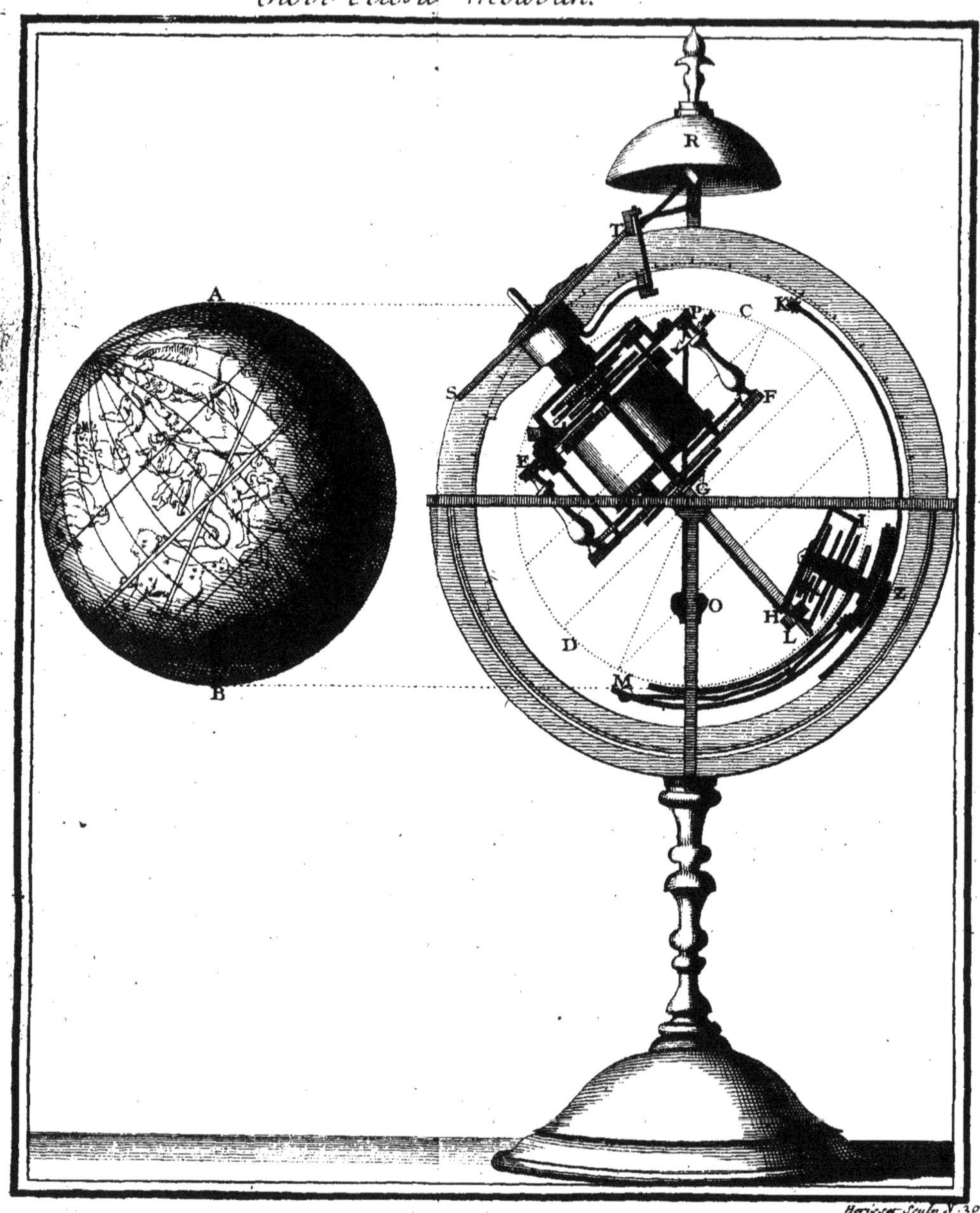

Herisset Sculp. N.300

LE MESME GLOBE

PERFECTIONNÉ

ET

PRESENTÉ EN MDCCXXXI.

PAR M. L'ABBE' OUTHIER.

1727. N°. 301. PLANCHE II.

PAR le conseil de plusieurs personnes de l'Académie, M. l'Abbé Outhier Inventeur de ce Globe a jugé à propos de supprimer la sonnerie & de substituer à la place une aiguille des minutes ; c'est en quoi ce changement consiste.

ABCD représente le meridien enclavé dans l'Horison ; AD est le cadran sur lequel est l'aiguille des minutes E, & celle des heures F. Ces aiguilles sont portées par les canons des roues du mouvement GH, renfermé dans l'intérieur du Globe IL : ce mouvement ne différe du premier qu'en ce que il n'y a plus de sonnerie ; mais seulement une roue de minutes, qui à l'ordinaire fait mouvoir l'aiguille. M est la roue de rencontre, MN est le pendule.

O, P, sont les branches qui font mouvoir le Soleil & la Lune ; quant aux propriétés & à la construction du rouage particulier RSTVX, il ne différe en rien de ce qui a été dit pour le premier, si ce n'est le poids Y, que l'Inven-

1727. N°. 301. teur ajoute pour contrebalancer celui du rouage. Pour ce qui est des autres lumieres que l'on pourroit exiger, on ne peut dire que ce que l'on a déja dit ; & l'on a cru que le dessein se trouvant ici plus grand, pourroit donner par ce moyen plus de facilité à celui qui prendroit la peine d'en chercher la Mecanique entiere. Au reste l'on peut avoir reçours à l'Auteur même.

Globe Mouvant perfectionné.

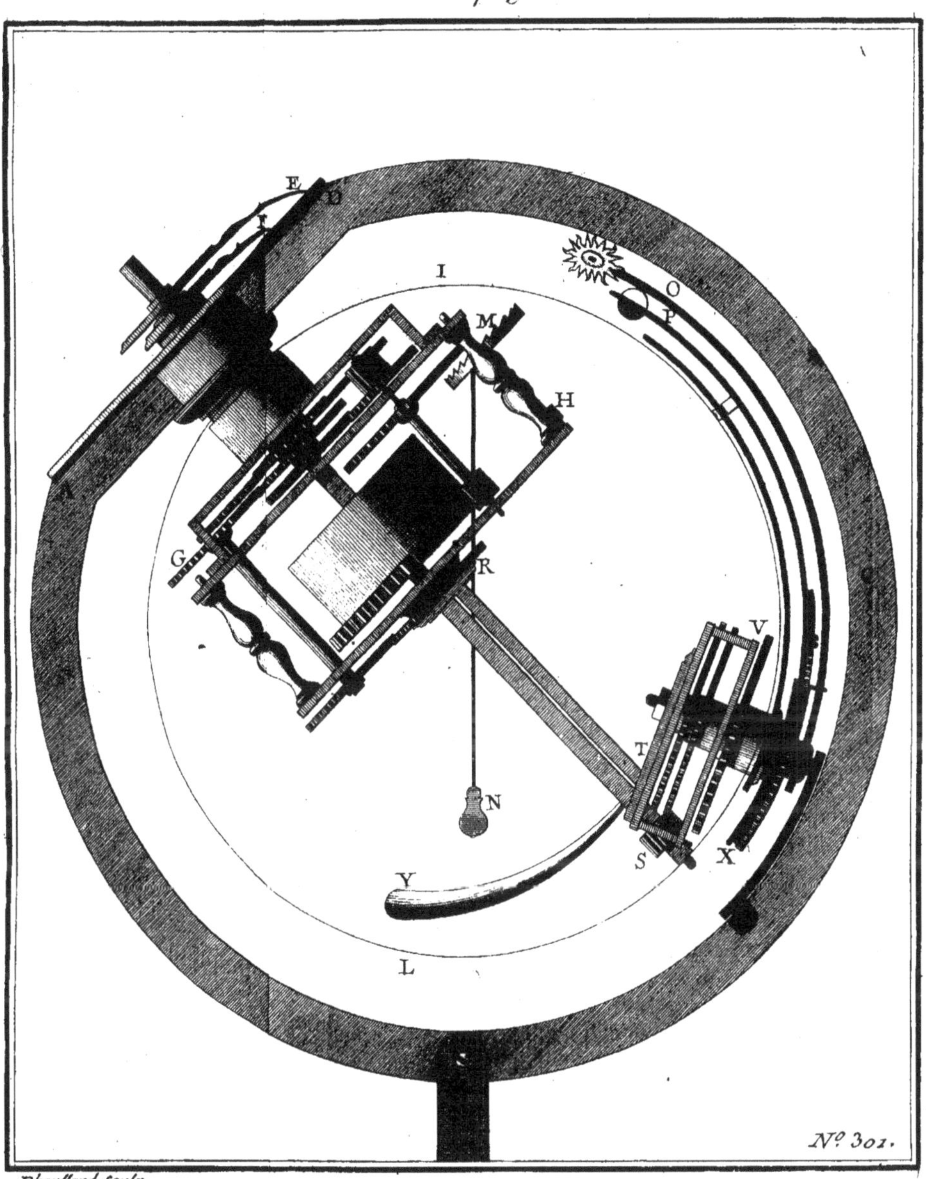

Dheulland Sculp.

ADDITION.

AU GLOBE MOUVANT,

PAR M. L'ABBÉ OUTHIER.

COMME les différentes températures de l'air causent souvent du dérangement au pendule, & que pour le regler il est néceſſaire de hauſſer ou baiſſer ce même pendule, étant renfermé dans ce Globe, il ſeroit fort incommode d'être obligé d'ouvrir ce Globe toutes les fois qu'il s'agiroit de regler le mouvement, M. Outhier propoſe le moyen ſuivant.

1727. N°. 302.

Sur le cadran fixé au meridien eſt une portion EF de cadran, ſur laquelle ſont gravés les chiffres depuis 1 juſqu'à 8; une aiguille A fixement attachée à l'extrémité d'un cylindre AB montre ſur ce cadran le point d'élevation où le pendule ſe trouve; de ſorte que l'on peut la faire avancer de 2 vers 8, & reculer de 8 vers 2, & de la quantité que l'on jugera à propos; ce qui fera hauſſer ou baiſſer le pendule. Ce pendule eſt mené de cette façon par une roue B, dentée dans une portion de ſa circonférence, & attachée à l'autre extrémité du cylindre; cette portion dentée mene un rateau BCD, mobile au point C, & dont l'extrémité D porte les ſoyes qui tiennent le pendule; de maniere que par le mouvement de hauſſer & de baiſſer l'extrémité D, le même pendule ſe trouve raccourci ou

allongé, ſelon l'exigence des cas. Par cette figure il pa-
1727. roît que toute cette Mecanique tient à la platine du mou-
N°. 302. vement, & c'eſt ſeulement ſur un coq fixé ſur la platine. On voit les juſtes poſitions de toutes ces pieces dans la figure YZ, qui eſt la partie ſupérieure du Globe; H eſt l'aiguille des minutes, celle d'après eſt celle des heures, & enfin celle qui ſe trouve tout deſſous eſt l'aiguille qui ſert à hauſſer & baiſſer le pendule. Le rateau ſe trouve auſſi marqué par les mêmes lettres ABCD dont on s'eſt ſervi pour la figure précédente.

Addition au Globe mouvant.

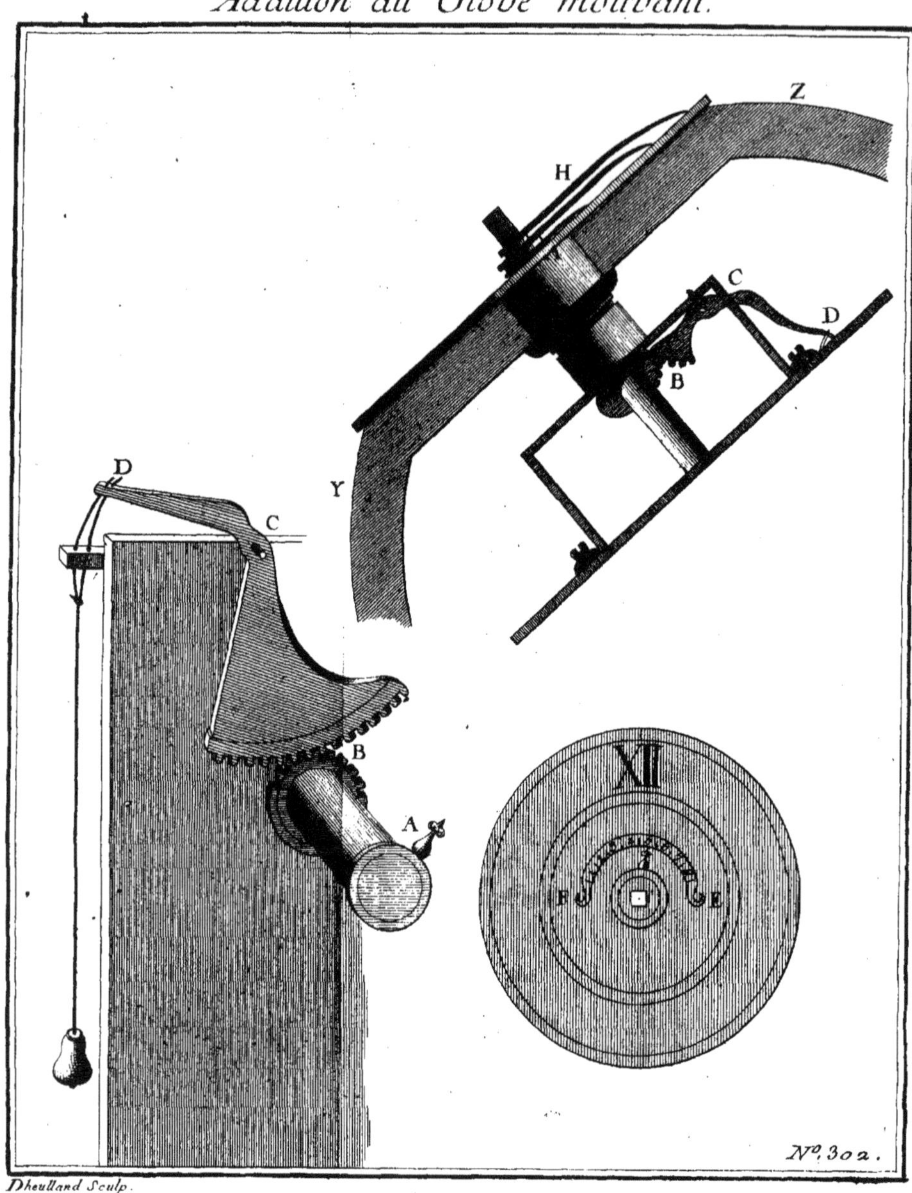

N°. 302.

Dheulland Sculp.

HORLOGE A SABLE,

INVENTÉE

PAR M. LE COMTE PROSPER.

1727. N°. 303. FIG. I.

AB eſt un cylindre ou canon de verre; à ſon extrémité A eſt un vaſe AE d'une matiere quelconque. Le fond de ce vaſe ſera percé d'un trou qui puiſſe ſervir à l'écoulement du fluide que ce vaſe contiendra, de même que les Horloges à ſable ordinaires. On reſervera au canon une ouverture OC tout auprès de la bouche où eſt le fond du vaſe; cette ouverture ſert à faire paſſer une lame pour fermer le trou du vaſe quand on le voudra: le tuyau ſera diviſé dans toute ſa longueur de la maniere dont on le dira par la ſuite. On remplira donc le vaſe AE de poudre la mieux préparée, enſuite on aura recours à une meridiene ſur laquelle on placera, ſi l'on veut, un ſtile ou gnomon perpendiculaire, ſon ombre s'appercevra mieux quand il ſera arrivé au point de midi, où étant parvenue on tirera la lame qui bouchoit le trou du vaſe, pour lors le ſable coulera dans le cylindre ſans aucune difficulté; on laiſſera ainſi couler cette poudre juſqu'au lendemain à pareille heure, c'eſt-à-dire, midi, d'où l'on aura la poudre de 24 heures. Enſuite on diminuera l'eſpace du canon rempli en autant de parties égales pour avoir les heures, on ſubdiviſera ces mêmes parties pour avoir les demies, les quarts & les minutes, ſi les eſpaces le permettent.

1727. No. 303. On pourroit encore mieux faire cette division en marquant d'heure en heure ou de parties d'heure en parties d'heure le point où le sable seroit arrivé, ainsi que M. de Reaumur l'a enseigné dans sa nouvelle construction de Thermometres. On éviteroit par là les inégalités du tuyau.

A côté de ce canon on en placera un second qui lui sera semblable, comme on le voit Figure 4, où [illegible] sont contenus dans une boîte. Dans l'intervale que ces canons laissent entre eux au point 7, on assujétira la lame ou plan horisontal mobile autour de ce point, de maniere qu'il puisse tourner à droite, à gauche & entrer dans les ouvertures reservées aux extrémités des canons.

Mais comme on pourroit *objecter* que le tems d'ouvrir & de fermer produiroit quelque erreur, voici une démonstration simple que l'Auteur a ajoutée pour répondre à cette objection.

FIG. II. Soient les deux cercles égaux OXG, INK à distance arbitraire, & le point E également éloigné des deux centres : tirez *la ligne* XV; cette ligne étant fixée au point E ne se mouvera que circulairement, & les angles NEV & XEH formés *par* ce *mouvement*, *seront* égaux réciproquement & alternativement, par cette raison le plan coupera les cercles en segments égaux; ces deux cercles étant ainsi divisés l'on voit qu'une portion de l'un sert de complement à l'autre, c'est-à-dire, que *la* portion FGH est le complement du segment IKN. *Il est* donc clair que dans le moment que la ligne XV ouvre une portion d'un des cercles, elle ferme dans l'autre une ouverture égale, d'où il suit qu'il y a toujours une ouverture libre. Si l'on prend à présent les cercles pour les trous des vases, il est évident que le sable coulera toujours également, quoique partagé dans les deux canons. Passons à l'explication des pieces qui composent l'Horloge à poudre.

FIG. III. A est un vase dans lequel est le fluide; l'extrémité de ce vase doit être de façon qu'il puisse s'enchasser dans le canon.

PQ petite piece percée d'un trou par lequel s'écoule le fluide.

DEF garniture de métal posée aux bouts des canons, où est l'ouverture depuis E jusqu'en D, dans laquelle on fait passer le plan horisontal.

XRXV plan horisontal démontré par le parallelograme de la deuxiéme Figure, qui doit se mouvoir sur le point R en posant la main au manche V, afin de fermer, & ouvrir les trous.

MNOY garniture de l'extrémité inférieure du canon, construite aussi de métal & façonnée en vis, afin de pouvoir l'ôter du canon.

HI canon de verre ou cristal, divisé dans sa longueur en parties égales, comme il a déja été dit.

3, 4, 5, 6, 7, (Fig. IV.) chambre ou caisse dans laquelle on ajuste les canons avec leurs vases; 7 est le point ou s'accroche le plan horisontal, *5*, *6*, est le battant de la caisse; le tout sera suspendu par le crochet *3*.

USAGE DE CETTE MACHINE.

On vient de voir une partie de l'usage de cette Horloge, quand on a parlé de la maniere de regler la quantité du fluide & aussi la façon de diviser l'espace rempli par ce même fluide. Nous pouvons regarder ce premier usage comme le plus facile, & ce second comme le plus exact; il consiste en ce qui suit.

Il faut boucher une des ouvertures avec le plan horisontal, qui empêchera la chute de la matiere; on démontera la garniture d'en-bas & on tirera la poudre qui s'étoit écoulée; on pesera cette poudre dans une balance la plus juste qu'il se pourra; par ce poids au secours des tables que l'on trouvera à la fin de cette description, on aura les heures jusqu'aux moindres parties. L'on donne-

1723. N°. 303.

ra ci-après un exemple, pour faire voir ſeulement la façon dont on a operé pour les calculer.

EXEMPLE.

L'on ſuppoſe que la matiere qui s'eſt écoulée pendant 24 heures ſoit du poids de 96 onces; ce ſeront donc 4 onces par heure: ſi dans un certain tems il s'eſt écoulé 18 onces, on fera cette proportion. Si quatre onces donnent 3600 ſecondes, (qui eſt une heure) que donneront 18 onces? La regle étant faite on aura 16200 ſecondes, qui réduites en heures feront 4 heures 30 minutes juſte.

L'Auteur de cette Machine a pris les poids de l'endroit où il eſt, c'eſt-à-dire, la livre de 12 onces, l'once de 16 dragmes, la dragme de 36 grains. Les Tables ſuivantes étant calculées ſur ces ſortes de meſures, il ſera toujours facile en ſuivant le principe, de les calculer ſur tel poids que l'on voudra.

La premiere Table eſt celle des livres, & on la formera en donnant trois heures à une livre de matiere, parce qu'il a été dit que 4 onces donnoient une heure, donc une livre donnera 3 heures; l'on pouſſera ainſi la Table juſqu'à 10.

La ſeconde Table eſt des onces: on ſçait que 4 onces donnent une heure, une once donnera donc un quart d'heure, c'eſt-à-dire, quinze minutes; deux onces, 30 minutes.

La troiſiéme Table eſt des dragmes qu'il faut pouſſer juſqu'à 16, parce les 16 font une once, & ſçachant que une once eſt 15 minutes, la partageant par 16, il viendra la valeur d'une dragme, qui eſt 56 ſecondes & 15 tierces.

La quatriéme eſt des grains, & elle ſera de 36; car les 36 grains font une dragme, laquelle partagée par 36, donnera la valeur d'un grain, qui eſt une ſeconde, 33 tierces & 45 quartes, le double pour deux & le triple pour 3, &c.

USAGE DES TABLES.

EXEMPLE.

Une certaine quantité de matiere pese 10 livres, 4 onces, 7 dragmes, 12 grains; on cherchera dans la Table des livres & on trouvera à côté de 10 livres 30 heures; on cherchera de même les 4 onces dans la Table des onces, on trouvera une heure, pour les 7 dragmes, 6 min. 33″ & 45‴; pour les douze grains on aura 18″ & 45‴; ces quantités étant ajoutées ensemble donnent un jour, 7 heures, 6 minutes, 52″ & 30‴.

Cette Machine peut servir utilement à la Marine, & doit être suspendue perpendiculairement, afin que la boëte qui la contient puisse suppléer aux différens mouvemens du vaisseau: il faut pourtant qu'elle soit contenue par le bas & qu'elle n'ait qu'une certaine liberté de se mouvoir, sansquoi elle heurteroit contre le bord, ou contre quelqu'autre corps. Il ne seroit pas difficile d'ajouter à cette Horloge la suspension dont on se sert pour les boussoles; pour lors elle auroit un mouvement plus régulier, plus uniforme & moins précipité que n'étant suspendue que par un seul point.

Cette maniere de mesurer le tems, qui est ingénieuse, demande beaucoup d'expérience, & que l'on sçache si la matiere ne seroit point exposée à l'injure de l'air, & s'il n'y aura point d'altération dans cette matiere par rapport aux différens climats.

Le service de cette Machine ne doit être confié qu'à des personnes fort attentives, qui puissent bien prendre garde qu'en vuidant les canons, il ne se répande de la poudre, qui doit être pesée fort exactement, puisque c'est dans le poids que consiste la justesse de cette Horloge.

1727.
N°. 303.

Table de la livre.

Livres	Heures
1.	3.
2.	6.
3.	9.
4.	12.
5.	15.
6.	18.
7.	21.
8.	24.
9.	27.
10.	30.

Table des onces.

Onces	Heures	Minut.
1.		15.
2.		30.
3.		45.
4.	1.	0.
5.	1.	15.
6.	1.	30.
7.	1.	45.
8.	2.	0.
9.	2.	15.
10.	2.	30.
11.	2.	45.
12.	3.	0.

Table des dragmes.

Drag.	Minut.	Secon.	Tierces
1.	0.	56.	15.
2.	1.	52.	30.
3.	2.	48.	45.
4.	3.	45.	0.
5.	4.	41.	15.
6.	5.	37.	30.
7.	6.	33.	45.
8.	7.	30.	0.
9.	8.	26.	15.
10.	9.	22.	30.
11.	10.	18.	45.
12.	11.	15.	0.
13.	12.	11.	15.
14.	13.	7.	30.
15.	14.	3.	45.
16.	15.	0.	0.

1727.
N°. 303.

Tables des grains.

Grains	Min.	Sec.	Tierces	Quartes	Grains	Minut.	Sec.	Tierces	Quartes
1.		1.	33.	45.	19.		29.	41.	15.
2.		3.	7.	30.	20.		31.	15.	0.
3.		4.	41.	15.	21.		32.	48.	45.
4.		6.	15.	0.	22.		34.	22.	30.
5.		7.	48.	45.	23.		35.	56.	15.
6.		9.	22.	30.	24.		37.	30.	0.
7.		10.	56.	15.	25.		39.	3.	45.
8.		12.	30.	0.	26.		40.	37.	30.
9.		14.	3.	45.	27.		42.	11.	15.
10.		15.	37.	30.	28.		43.	45.	0.
11.		17.	11.	15.	29.		45.	18.	45.
12.		18.	45.	0.	30.		46.	52.	30.
13.		20.	18.	45.	31.		48.	26.	15.
14.		21.	52.	30.	32.		50.	0.	0.
15.		23.	26.	15.	33.		51.	33.	45.
16.		25.	0.	0.	34.		53.	7.	30.
17.		26.	33.	45.	35.		54.	41.	15.
18.		28.	7.	30.	36.		56.	15.	0.

Horloge à Sable.

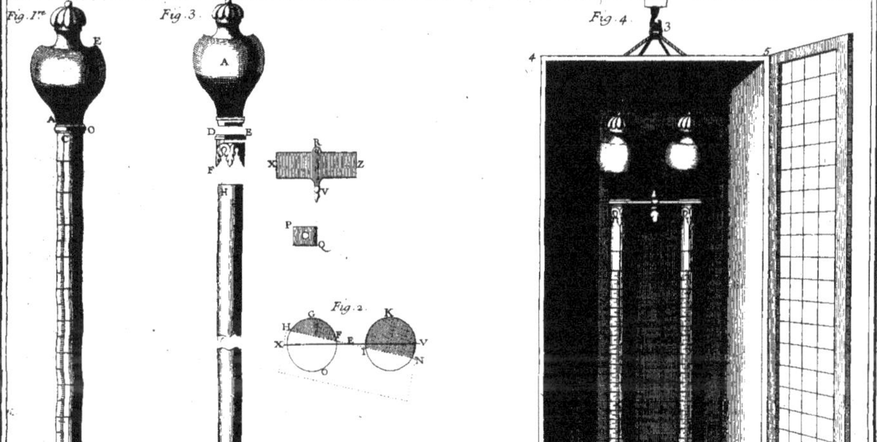

Herisset Sculp N° 303

NOUVEAU CRIC POUR L'USAGE DES LUNETTES, INVENTÉ PAR M. DE MAIRAN DE L'ACADEMIE ROYALE DES SCIENCES.

1727.
N°. 304.

LA piece A est soutenue de trois arcboutans B, C, D, liés au bas par les traverses EF. Cette piece A est percée d'un trou d'une figure quarrée, le long duquel monte & descend la tige YGK, ce qui se fait par le moyen de la corde HI, qui se double sur le bout K de ladite tige, & vient passer dans les pitons L, M, & ensuite va se rouler autour du cylindre NO, auquel tient la poignée N que l'on fait tourner à droite pour hausser le bout de la lunette appuyée sur T (tête du Cric) & à gauche pour l'abaisser; il est aisé de comprendre que la résistance qu'il y a dans cette Machine,

1727. N°. 204. (par rapport au poids de la lunette sur la tige YGK) & que les frottemens qui se rencontrent nécessairement s'y trouvent aussi utiles, qu'ils sont nuisibles dans presque toutes les autres. Cependant comme par la longueur du tems & le fréquent usage que l'on en feroit, ce frotement pourroit diminuer & devenir insuffisant à soutenir le poids du bout de la lunette, & que par conséquent l'Observateur seroit assujéti à avoir toujours la main sur la poignée N; pour remédier à cet inconvenient M. de Mairan y ajoute une corde Q qui tourne sur le cylindre d'un sens contraire aux deux cordes ou aux deux parties H, I, de la corde destinée à hausser ou baisser la tige GK. Cette corde Q va passer par dessus la traverse P; au bout de cette corde il y a un poids R de quatre ou cinq livres qui descend quand le bout de la lunette monte, & monte quand le bout de la lunette descend, ce qui avec les frottemens des cordes fera équilibre à la plus forte lunette que l'on pourra appuyer sur ce Cric. La traverse F du pied ne doit pas rencontrer la traverse E dans son milieu, afin de donner la liberté à la tige KG de descendre jusqu'au terrain.

L'on n'a rien donné dans ce genre de plus simple, ni de plus commode, comme on le peut voir par la comparaison des Crics à cramailleres de fer dont on s'est servi jusqu'aprésent; non-seulement pour le peu de dépense qu'exige celui ci, mais encore pour la douceur de ses mouvemens, sa légereté & pour la commodité du transport, la Machine pouvant aisément être prise toute montée par la main ou traverse P, qui est à peu près dans la ligne de direction de son centre de gravité & pouvant aussi facilement être démontée & liée en faisseau. Les pieces qui composent ce Cric ne sont assemblées qu'à mortaise ou à simples chevilles, ou à vis. Le petit cordon VYX est attaché à une petite vis au milieu de la tête du Cric, à l'endroit Y; ce cordon sert à saisir la lunette par le bout de l'oculaire, lorsque l'on est obligé d'élever le bout de l'objectif quand l'Astre que l'on veut observer est fort élevé.

1727. N°. 304.

Nouveau Cric pour l'usage des Lunettes.

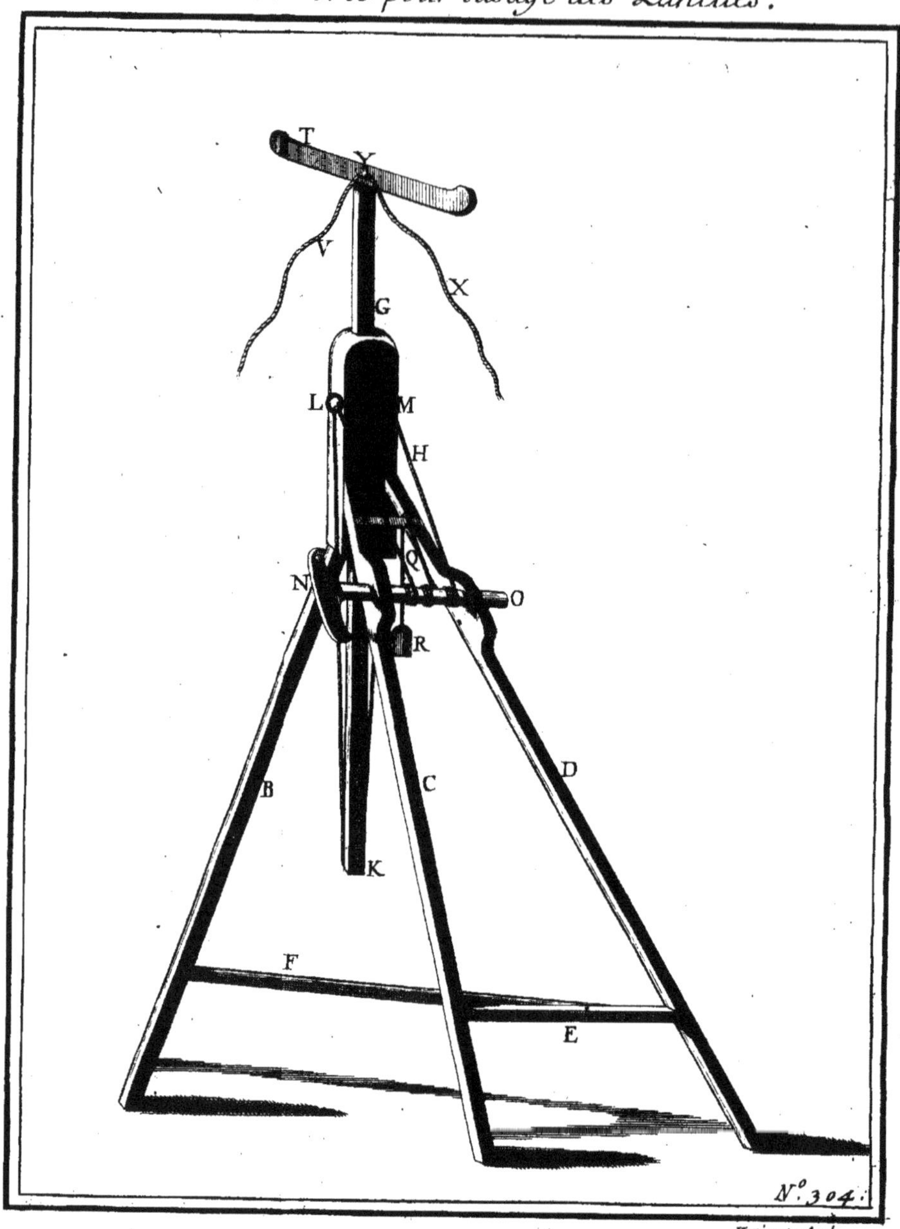

Herisset Sculp.

MACHINE POUR LABOURER LA TERRE SANS BESTIAUX,

INVENTÉE PAR M. JARAVAGLIA.

ABCD eſt un train monté ſur deux roues dont la voye eſt un peu moins large que celle d'une médiocre charette. Deux rateliers E, F compoſés de trois ou quatre bêches pointues, ſont ici ſubſtitués à la place du ſoc. 1727. N°. 305. FIG. I. Ces rateliers ont des tiges EG, FH qui enfilent la traverſe IK, dans laquelle cependant ils peuvent ſe mouvoir ; ces rateliers ſont encore pris dans leur milieu par des cordes qui paſſent entre les deux tiges de chaque ratelier, & vont enſuite ſe fixer aux montans LM. La traverſe IK eſt jointe aux côtés du train par des charnieres au moyen deſquelles elle peut tourner, & par conſéquent diriger les rateliers qui y ſont attachés ; les tiges portent ſur une piece NO, fixée à un grand levier PQR, à l'extrémité duquel eſt une

corde qui tombe devant un homme moteur de cette
1727. Machine.
N°. 305. Toute la piece RQPON eſt mobile ſur deux pivots qui entrent dans les deux joues du train, cette piece eſt encore appuyée ſur un ſupport S, fiché au milieu de la traverſe qui ſoutient les deux montans LM ; cette traverſe eſt encore aſſujétie dans les deux joues par des pivots, de ſorte que l'appui S & les deux montans LM ſont mobiles ſur ces deux points, & s'abattent avec le levier PQR quand la puiſſance tire ſur la corde pour renverſer la terre, après que les rateliers ont été frappés par les maſſes. Les deux maſſes TV ſont chevillées par leurs manches à deux chapes XY, dans leſquelles ils peuvent ſe mouvoir, & tomber par leur propre poids quand la puiſſance ne les retient plus. Ils ſont retenus au moyen de deux montans ZW fixés à la traverſe 2, 3, à laquelle ſont attachés deux manches 2c, 3, 6, qui font angle droit ſur la traverſe avec les montans ZW. Cette traverſe eſt ſoutenue par deux pivots ſur leſquels elles peuvent tourner, lorſque les montans s'abattent par le poids des marteaux.

Aux extrémités ZW ſont des étriers de fer, qui aſſujétiſſent les marteaux ſur leur appui, & ſervent en même-temps à les diriger ſur les têtes des rateliers. Les reſſorts 7, 8, ſervent à fixer les coins qui retiennent les maſſes dans leurs manches.

Pour ſe ſervir de cette Machine, on la diſpoſe d'abord comme elle eſt repréſentée dans cette Figure. Par
FIG. II. exemple, après que le marteau a frappé ſur la tête H de la bêche, & qu'elle eſt enfoncée autant qu'il eſt poſſible, on releve les marteaux, enſuite on tire ſur la corde pour abattre le levier PQR ſuivant l'arc R*r*; car on a dit que l'appui fléchiſſoit & s'abattoit avec le levier, puiſque la traverſe tourne ſur le pivot 9 en décrivant

l'arc *Ss*, ce qui ne peut arriver sans que la bêche ne s'éleve suivant la ligne *Pp*, & par conséquent ne renverse la terre, dans laquelle elle étoit enfoncée, après quoi on fait reculer cette Machine pour recommencer la même manœuvre.

1727. N°. 305.

Machine pour Labourer la Terre sans Bestiaux.

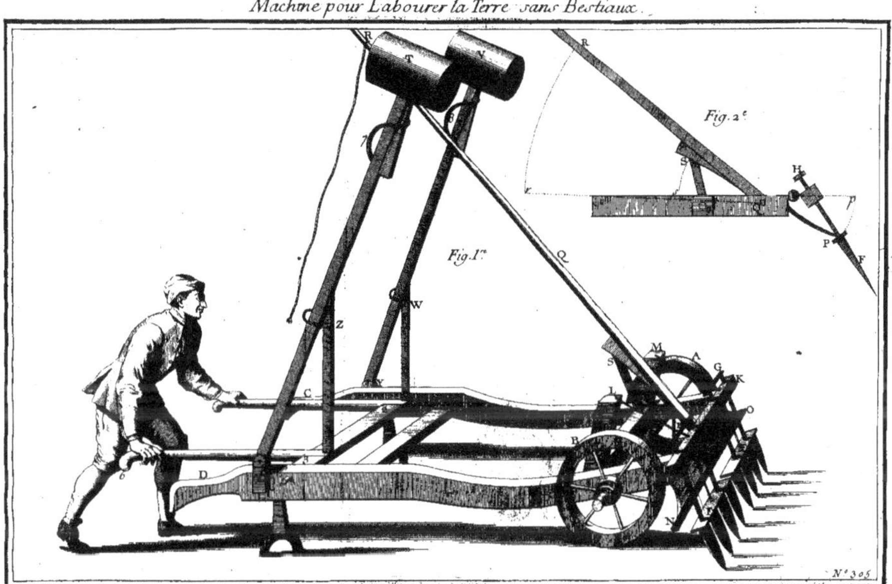

Herisset sculp.

RECUEIL
DES MACHINES
APPROUVÉES
PAR L'ACADÉMIE ROYALE
DES SCIENCES.

ANNÉE 1728.

SOUFLET

SOUFFLET CONTINU,

PROPOSÉ

PAR M. TERAL.

AB est une caisse bombée sur ses côtés. C est un coffre attaché fixement au corps de la caisse ; ce coffre sert pour le passage de l'air dans la gorge E, & dans le canon D. La caisse est percée sur ses côtés de plusieurs trous TT, qui servent pour le passage de l'air extérieur dans le corps du soufflet : cette Machine est portée sur quatre roues, afin d'en faciliter le transport.

1728. N°. 306.

Dans l'intérieure de cette Machine il y a un arbre FG, au milieu duquel sont entées quatre aîles de tole 1, 2, 3, 4 ; à l'extrémité G de l'arbre est une lanterne dans laquelle engréne la roue I, que l'on fait tourner par le moyen de la manivelle H attachée fixement à son centre. Il est clair qu'en faisant tourner la roue I, l'on fait aussi tourner l'arbre FG avec ses aîles qui chasseront l'air dans la gorge E, où étant comprimé, il sort avec rapidité & produit un vent dont la violence sera proportionnée à la force que l'on employera pour faire tourner la manivelle H.

Les dents de la roue I & de la lanterne G ayant été faites de fer, elles faisoient ensemble un bruit qui devenoit très-incommode, surquoi on a donné à l'Auteur quelques avis dont il a paru vouloir profiter. Cet inconvenient supprimé, le soufflet pourra être d'usage pour les grandes forges.

1728. N°. 306.

Il est aisé de voir que la Mecanique employée dans cette Machine n'est point nouvelle, puisqu'elle est déja employée dans la Machine à vanner les grains & dans le Porte-vent qui sert à donner de nouvel air, & que cet inconvenient se trouve encore dans *Agricola de Re Metallica.*

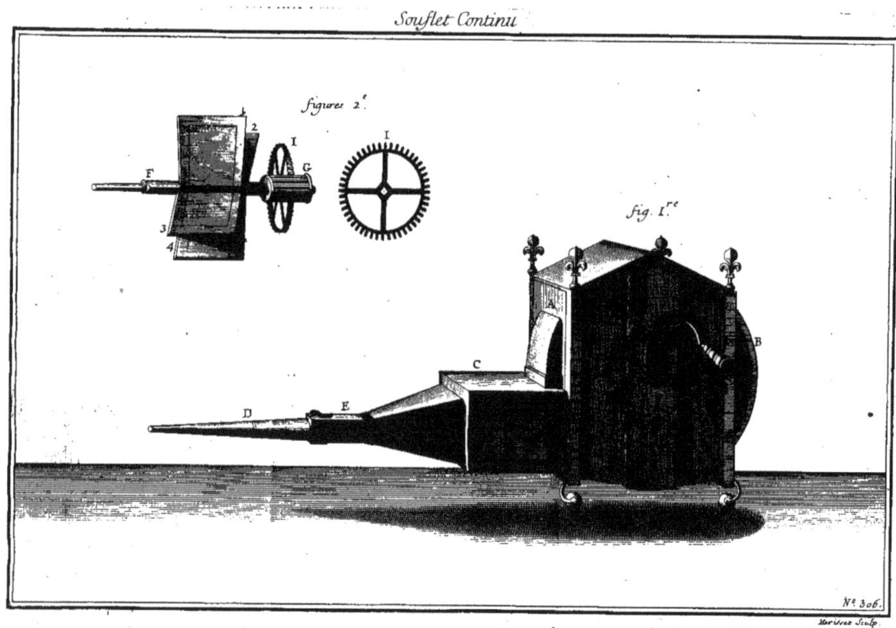
Souflet Continu
figures 2.e
fig. 1.re
A
B
C
D
E
F
G
I
1
2
3
4
N° 306.

MACHINE

POUR LAMINER LE PLOMB,

PRESENTÉE

PAR M. FAYOLLE.

CETTE Machine est composée d'un arbre vertical B mobile sur son axe, & auquel sont fermement attachées les barres ou leviers A; c'est aux extrémités de ces leviers que sont attelés les chevaux destinés au service de la Machine. Ce même arbre porte une roue de chan C, qui engréne dans une lanterne D, dont l'arbre E étant dans une situation horisontale, est mobile comme le premier sur son axe, deux autres roues F, H, sont pareillement fixées sur cet arbre; la premiere F est un herisson, & la seconde H est une lanterne; un second arbre horisontal L est posé parallelement au-dessous du premier. Cet arbre qui peut se mouvoir sur lui-même porte deux lanternes G, K, ayant la même position que les roues supérieures: ces lanternes ne sont point assujéties, elles peuvent faire leurs révolutions indépendemment de leur arbre commun; mais un verouil M pratiqué sur l'arbre dans l'intervalle que les lanternes laissent entre elles, sert à les unir alternativement à ce même arbre, & l'oblige à tourner suivant les révolutions de celle à laquelle il se trouve fixé. L'utilité de ce changement sera expliquée dans la suite.

1728. Numeros 307. 308. 309. 310. 311. 312. 313. 314. 315. 316. 317. 318. 319. 320.

PLANCHES I. & II.

Le herisson F mené par son arbre oblige la lanterne G,
1728. dans laquelle il engréne, de tourner dans une direction
Numeros opposée. La seconde lanterne K est mise en mouvement
307. 308. par une roue de renvoi I, que la lanterne supérieure H
309. 310. fait tourner. Il est clair que par cette interposition les deux
311. 312. lanternes HK tourneront du même sens.
313. 314. Le cylindre Q est posé horisontalement & fixement
315. 316. adapté à l'arbre inférieur par le moyen d'une boîte quar-
317. 318. rée P (*Voyez les Planches II. & III.*) qui embrasse l'extrémi-
319. 320. té du cylindre & celle de l'arbre. Le sens dont cet arbre tourne détermine par conséquent les révolutions du cylindre. Ce cylindre tourne plus ou moins vîte; il tourne plus vîte quand la lanterne G le mene, que quand l'autre lanterne K le fait tourner : la raison de cet effet, est que dans le premier cas, quatre roues suffisent, & dans le second, cinq roues sont nécessaires, d'où il résulte un plus grand frottement.

Un second cylindre Q semblable au premier, ayant aussi la même position, est embrassé à ses deux extrémités par des doubles colets & palliers S, qui lui permettent de tourner sur lui-même; ces palliers sont traversés par quatre colonnes de fer UU, qui passent dans les anneaux des mêmes palliers RST. (Planche IV.) Le pallier qui porte le cylindre, est pareillement soutenu par les branches de fer *bb* qui tiennent à un second rouleau *c*, auquel est fixé un contrepoids *d* capable d'élever le cylindre, si les roues de cuivre VV, faites en écrous, ne le contenoient à la hauteur demandée; car ces roues entrent elles-mêmes aux extrémités des colonnes de fer, faites en vis; ces roues étant tournées font descendre le cylindre. On les fait ainsi mouvoir à l'aide de deux pignons XX, qui engrénent dans les dents des roues de cuivre VV; ces pignons sont eux-mêmes menés par le moyen d'une vis sans fin Y, que l'on peut faire mouvoir par une force très-petite malgré la grande pésanteur du rouleau, ce qui se fait en tournant

la manivelle Z. Toutes ces pieces composent ce que l'on
appelle le Regulateur; en effet, elles ne sont que pour dé- 1728.
terminer l'épaisseur des tables de plomb. Numeros

Un grand chassis de cinquante pieds de long & de six 307.308.
de large est pratiqué pour faciliter la conduite de la table 309.310.
de plomb entre les cylindres. Pour cet effet ce chassis est 311.312.
garni de petits rouleaux *hh*, qui ne font que tourner sur leur 313.314.
axe, & qui sont posés parallelement les uns aux autres 315.316.
dans le même sens que les cylindres. Les moyens dont 317.318.
on se sert pour couler & transporter les tables de plomb 319.320.
pour être laminées, seront décrits après avoir parlé des fonctions de la Machine.

Ayant donc conduit la table de plomb, qui est ordinairement de 18 lignes d'épaisseur au sortir du moule où elle a d'abord été coulée, l'on arrête le régulateur, c'est-à-dire, que l'on tourne la vis sans fin qui fait mouvoir les pignons dans lesquels elle engréne; ces pignons font circuler les roues de cuivre ou écroues qui retiennent le cylindre supérieur: tournant donc cette vis de façon à pouvoir permettre à ce cylindre de monter, & étant élevé par le contrepoids *d*, on fixera ce cylindre à un peu moins de dix-huit lignes d'intervalle: on assujétira ensuite la lanterne G à son arbre par le moyen du veroüil M, chassé par le levier N; la lanterne étant menée par le herisson F fera tourner nécessairement l'arbre L, ensemble le cylindre inférieur Q, auquel il est adapté. Ce cylindre tournera d'un sens pendant que le cylindre supérieur tournera de l'autre: pour lors la table de plomb passera entre les deux cylindres: cette table ayant tout-à-fait passé, on change le mouvement des cylindres en défixant la lanterne G de dessus l'arbre pour y fixer l'autre lanterne K, & pour cet effet on chasse le veroüil de son côté, qui la retient, de même que la premiere lanterne. Il faut ici rappeller ce que l'on a dit au commencement sur ces différens mouvemens.

La lanterne G étant menée directement par le heriſſon
1728. F, cette lanterne entraînera avec elle le cylindre, qui cir-
Numeros culera d'un ſens oppoſé à celui du heriſſon, au contraire le
307.308. même rouleau étant enſuite mené par la ſeconde lanterne
309.310. K, cette lanterne par l'interpoſition de la roue I tournera
311.312. du même ſens que le heriſſon; car le veroüil étant dégagé
313.314. de la lanterne G, qui eſt abſolument libre ſur ſon arbre, ne
315.316. met aucun obſtacle au mouvement de la ſeconde lanterne
317.318. K; c'eſt donc par ce ſecond mouvement contraire au pre-
319.320. mier que l'on fait repaſſer la table du côté où elle s'étoit d'abord engagée dans les cylindres. Cette table repaſſée de ce même côté, on donne quelques tours à la vis ſans fin pour faire baiſſer le cylindre ſupérieur, qui pour lors laiſſe un eſpace moindre que le premier : on dégage la lanterne K pour recommencer la même opération; tout ce ſervice ſe fait preſque tout à la fois. On réitere ces opérations juſqu'à ce que la table ſoit réduite à l'épaiſſeur que l'on ſouhaite. Cette Machine eſt exécutée avec tant de préciſion qu'elle peut laminer une table depuis 15 & même 17 lignes, juſqu'à l'épaiſſeur d'une feüille de papier. Le plomb de cette fabrique n'eſt point altéré après y avoir été travaillé, comme on l'a prétendu; les tables ſont parfaitement unies, compactes & malleables, les feüillets qui peuvent ſe détacher de deſſus ſa ſuperficie, ne ſont autre choſe que les parties ſabloneuſes du plomb qui reſtent toujours deſſus après avoir été fondu, & qui ſont plus dures que les autres avec leſquelles elle ne ſçauroit faire corps, ce qui n'affoiblit en aucune façon les tables. Il n'eſt point vrai non plus que ce plomb contienne ni bourſouflures ni ventoſités, ce qui a été vérifié par les différentes coupes que l'on a faites ſur des tables de toute épaiſſeur; en un mot la façon dont ce plomb ſe maintient dans beaucoup de reſervoirs qui en ſont garnis, prouve évidemment ſon utilité & ſa bonté, ce qui fait en même-tems l'éloge de la Machine. Au ſurplus ſi l'on veut être plus parfaitement inſtruit,

on aura recours au Mémoire sur le Laminage du plomb
mis au jour par M. Remond de la Société des Arts, im- 1728.
primé à Paris en 1731. *in* 4°. Numeros

Afin que l'on soit plus au fait des pieces qui entrent dans 307.308.
la composition de cette Machine, il paroît nécessaire de 309.310.
rapporter ici ces pieces par lettres de renvoi, qui sont les 311.312.
mêmes dans toutes les Planches. 313.314.
315.316.

Renvoi des lettres qui sont sur les Planches de la Machine 317.318.
à laminer le Plomb. 319.320.

A. Bras de levier ausquels sont attelés les chevaux qui font mouvoir toute la Machine.

B. Arbre vertical, au bas duquel entrent les bras de levier A, & au haut duquel la roue de chan est attachée.

C. Roue de chan de 78 dents.

D. Lanterne de 39 fuseaux dans lesquels engrénent les dents de la roue de chan.

E. Arbre horisontal auquel sont fixés les lanternes D, H, & le herisson F.

F. Herisson de 31 dents.

G. Lanterne qui roule sur l'axe L sans lui imprimer son mouvement, sinon lorsqu'elle lui est attachée par le veroüil M.

H. Lanterne de 21 fuseaux, qui donne le mouvement à la roue de cuivre I.

I. Roue de cuivre de 9 dents, qui engréne dans les lanternes H, K, & par l'interposition de laquelle la derniere acquiert un mouvement contraire à celui de la lanterne G.

K. Lanterne de 27 fuseaux, qui roule sur l'arbre L sans lui imprimer son mouvement, si ce n'est lorsqu'elle lui est fixée par le veroüil M.

L. Axe sur lequel roulent les lanternes G, K, & qui est garni du veroüil M au bout duquel est un quarré qui entre dans la boîte de cuivre P.

M. Veroüil attaché à l'axe L, qui poussé selon le besoin
1728. dans une des lanternes G, K, dans lesquelles on a pra-
Numeros tiqué des rainures, fait suivre à cet axe le mouvement de
307. 308. la lanterne dans laquelle il est engagé.
309. 310. N. Levier pour chasser le veroüil du côté que l'on veut.
311. 312. O. Pivot pour soutenir le levier N.
313. 314. P. Boîte qui unit le quarré qui est au bout de l'axe avec
315. 316. celui qui est au bout du cylindre d'en-bas.
317. 318. QQ. Cylindres entre lesquels le plomb s'applatit.
319. 320. R. Palliers immobiles sur lesquels roule le cylindre d'en-bas.

S. Palliers de cuivre qui portent le cylindre d'en-haut, & qui par le moyen des branches de fer *bb* ausquelles ils sont attachés, s'élevent pour donner aux lames de plomb l'épaisseur que l'on veut.

T. Colets qui embrassent par-dessus le cylindre d'en-haut.

U. Colomnes de fer vissées par le haut, qui passent dans les anneaux des palliers & colets aux côtés R, S, T.

V. Roues de cuivre vuidées en écrous, dans lesquelles entrent les colomnes ci-dessus : ces roues servent à serrer les colets T, & empêcher par ce moyen le cylindre d'en-haut de monter lorsqu'il est à la hauteur nécessaire.

X. Pieces composées d'un pignon de fer par le bas pour engréner dans les dents des roues de cuivre V, & d'une roue de cuivre par le haut pour recevoir l'impression de la vis sans fin.

Y. Vis sans fin qui donne le mouvement aux pieces cottées X.

Z. Manivelle qui sert à faire tourner la vis sans fin Y, par le moyen du quarré qui est à un bout, & qui s'emmanche dans la même manivelle.

a. Supports de la vis sans fin Y.

b. Branches de fer ausquelles sont attachées les palliers de cuivre S.

c. Arbre auquel les branches de fer ci-dessus sont attachées par

par des especes de jarretieres, qui ceignent l'arbre & qui se racourcissent lorsqu'il tourne & font monter le cylindre d'en-haut. 1728. Numeros

d. Levier qui entre dans l'arbre C, & le fait tourner par son poids. 307. 308. 309. 310.

e. Levier de fer pour entretenir les colonnes U. 311. 312.

f. Equerres de fer pour tenir en état les pieces cottées X. 313. 314.

g. Table sur laquelle sont posés les cylindres. 315. 316.

h. Rouleaux sur lesquels coule le plomb en sortant d'entre les laminoirs. 317. 318. 319. 320.

L'établissement de cette Machine a donné lieu de la PLANCHE
simplifier. La partie AB qui renferme les cylindres & le XI.
régulateur, est la même ; celle-ci ne différe de la premiere qu'en ce que le rouage composé de la roue de renvoi I, des lanternes H, G, K, & du herisson F, est entiérement supprimé ; l'extrémité C de l'arbre de couche CDE, tient directement au cylindre inférieur ; cet arbre est prolongé jusqu'en F, auquel on ajoute une lanterne G, semblable à la premiere lanterne H : toutes deux sont mobiles autour de cet arbre & engrénent dans la grande roue de chan L, qui est ici renversée ; elle est enfermée dans une capacité creusée dans le manege. Les leviers M sont pratiqués au-dessus de cette roue : un veroüil NO, semblable au premier, mais beaucoup plus long, sert pareillement à fixer les lanternes alternativement sur l'arbre pour procurer les différentes révolutions nécessaires aux cylindres pour repasser la table de côté & d'autre. L'on conçoit donc que si l'une des lanternes est fixée sur l'arbre par le moyen du veroüil, cet arbre fera tourner le cylindre avec lui, jusqu'à ce que l'on dégage cette lanterne, pour ensuite faire agir la seconde en la fixant sur l'arbre par le même veroüil ; alors cette derniere imprime aux cylindres des révolutions contraires à celles de la premiere lanterne, d'où il suit que les mêmes effets sont produits par des voyes plus simples ; car dans la premiere Machine la roue de renvoi se trouve trop petite & fait perdre de la force : il

est vrai qu'on pourroit augmenter son diametre & le ren-
1728. dre égal à celui des lanternes, sans cependant diminuer
Numeros celle-ci, ce qui se pourroit faire en plaçant toutes ces pie-
307. 308. ces à côté les unes des autres, & par là donner un nou-
309. 310. vel arrangement à la Machine

311. 312. L'on prétend qu'il est d'usage dans quelques endroits
313. 314. de laminer des tuyaux de plomb, en substituant à la place
315. 316. des cylindres unis, d'autres cylindres creusés dans leur
317. 318. pourtour de plusieurs goutieres exactement rondes de dif-
319. 320. férens diametres, & construits de la maniere suivante.

PLANCHE AB sont les colonnes de fer qui contiennent les rou-
XII. leaux avec le regulateur; CD, EF sont les cylindres. Cha-
FIG. II. que cylindre, comme GH seroit creusé & canelé dans son pourtour & à distances égales de plusieurs goutieres faites en demi-cercle & de diametres inégaux. Ces diametres iroient toujours en diminuant depuis l'extrémité H jusques à son autre extrémité G. Le cylindre inférieur IL étant semblable au cylindre supérieur G & étant précisément au-dessus l'un de l'autre, en observant que les parties pleines se touchent exactement, les vuides formeront alors des cercles parfaits, dans lesquels on fera passer un tuyau de plomb, qui d'abord aura été coulé comme M, & qui contiendra un mandrin; après avoir fait passer le tuyau dans le calibre N, & se trouvant de la longueur marquée en R, on le fera repasser par le second calibre P, ensuite dans le troisiéme & le quatriéme jusqu'à ce que ce tuyau soit de la longueur & de l'épaisseur demandée. Mais des inconveniens inséparables de cette construction, empêchent de croire que cette Machine puisse faire l'effet qu'on lui attribue.

Après avoir décrit les différentes façons de laminer, il semble nécessaire de donner la construction des Machines qui servent à couler & transporter les tables de plomb.

PLANCHE La Machine à couler est composée d'une auge de bois
XIII. ABCD, qui pose sur une piece E; la longueur de cette auge est à très-peu-près égale à la largeur du moule GHIL; la partie AD est jointe au côté GH par des charnieres qui

permettent de renverſer l'auge du côté du moule. La matiere étant fonduë dans la chaudiere T, on la tranſporte 1728.
avec des cuillieres dans l'auge, enſuite le renverſement ſe Numeros
fait par le moyen de deux chaînes MN, attachées par un 307. 308.
de leurs bouts au fond extérieur de l'auge, les autres bouts 309. 310.
des chaînes tiennent aux extrémités des baſcules OP, OM, 311. 312.
mobiles aux points P, M; ces baſcules étant tirées par les 313. 314.
cordes R enlevent avec beaucoup de facilité l'auge deſſus 315. 316.
le moule, & la matiere fondue fait pour lors une nape qui 317. 318.
coule avec beaucoup de douceur & d'égalité. Le moule 319. 320.
eſt couvert de ſable parfaitement uni. A la partie IL on ré-
ſerve de quoi faire un anneau Z, par lequel la table eſt tirée
lorſqu'elle eſt refroidie.

Pour tranſporter cette table on ſe ſert d'une gruë établie au-devant de la Machine à couler, & diſpoſée au bout des chaſſis à rouleaux. (PLANCHE XIV.) La gruë ABC eſt mobile ſur les deux tourillons BC; à l'extrémité A eſt une poulie ſur laquelle paſſe une corde, dont un des bouts tient la table D, & l'autre bout va ſe rouler ſur un cylindre fixé à un cric compoſé d'une roue dentée E menée par le pignon F, à l'arbre duquel ſont les manivelles GH, que deux hommes font tourner. La table D étant ſuſpendue à la hauteur néceſſaire, on dirige la gruë du côté du chaſſis IL, ſur les rouleaux de laquelle elle eſt poſée, pour enſuite être laminée, comme il a été dit ci-devant.

On ne ſçauroit douter de l'égalité du plomb laminé dans toutes ſes parties, puiſqu'il eſt travaillé entre deux rouleaux exactement paralleles; on a par ce moyen la facilité de ſçavoir au juſte la quantité de plomb dont on a beſoin pour faire un ouvrage quelconque. Pour cet effet les Entrepreneurs délivrent des tarifs qui marquent le poids d'un pied quarré des tables de toutes les épaiſſeurs, avec leurs prix; en calculant donc la quantité de pieds quarrés de plomb dont on a beſoin, on peut envoyer en toute ſûreté la ſomme juſte, ſans craindre d'être trompé du côté du poids.

Machine à laminer le Plomb.

Planche 1re.

1 2 3 4 5 6 pieds

Toises.

N° 307.

Elévation Géométrale de la Machine à laminer le Plomb, vüe par le côté.

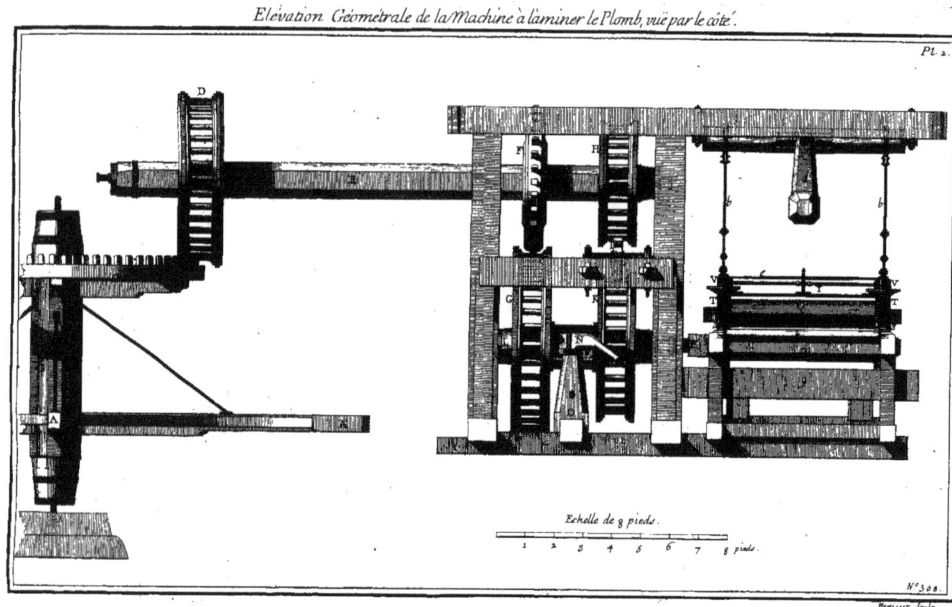

Dévelopement des pieces de la machine à laminer le plomb.

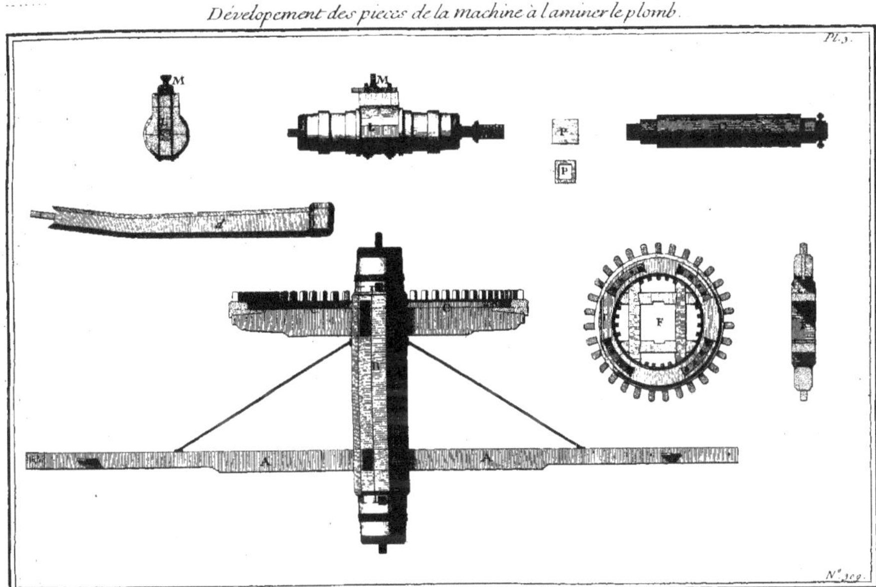

Benard fecit Sculp.

Developement des pieces de la Machine à laminer le Plomb

Pl. 4.

Coupe de la Table et des pieces qui sont dessus.

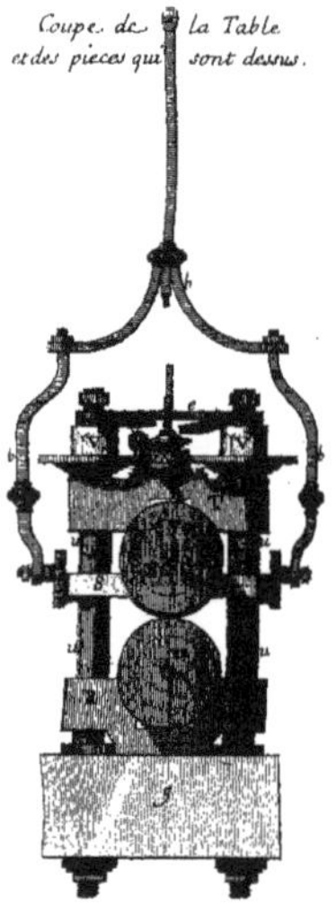

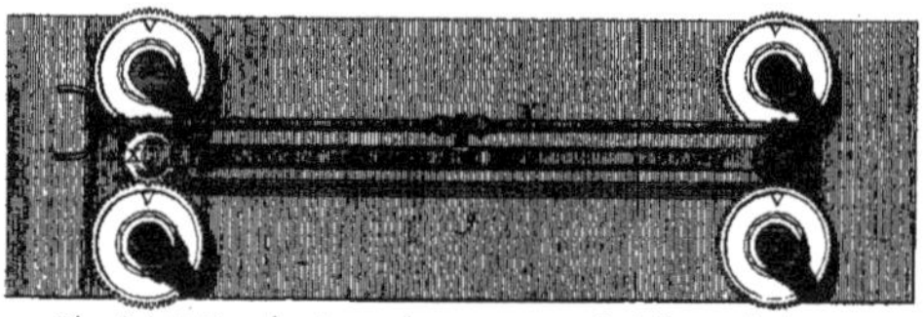

Plan de la Table et des pieces qui servent a serrer le Cylindre d'enhaut.

N.° 310.

[illegible] Sculp.

Elevation Geometrale de la Machine à laminer le Plomb vuë par derriere.

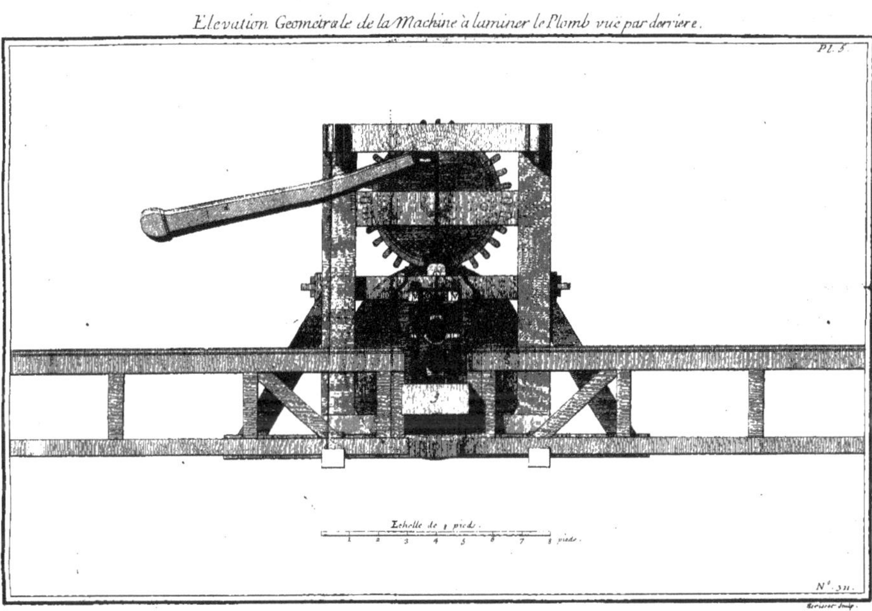

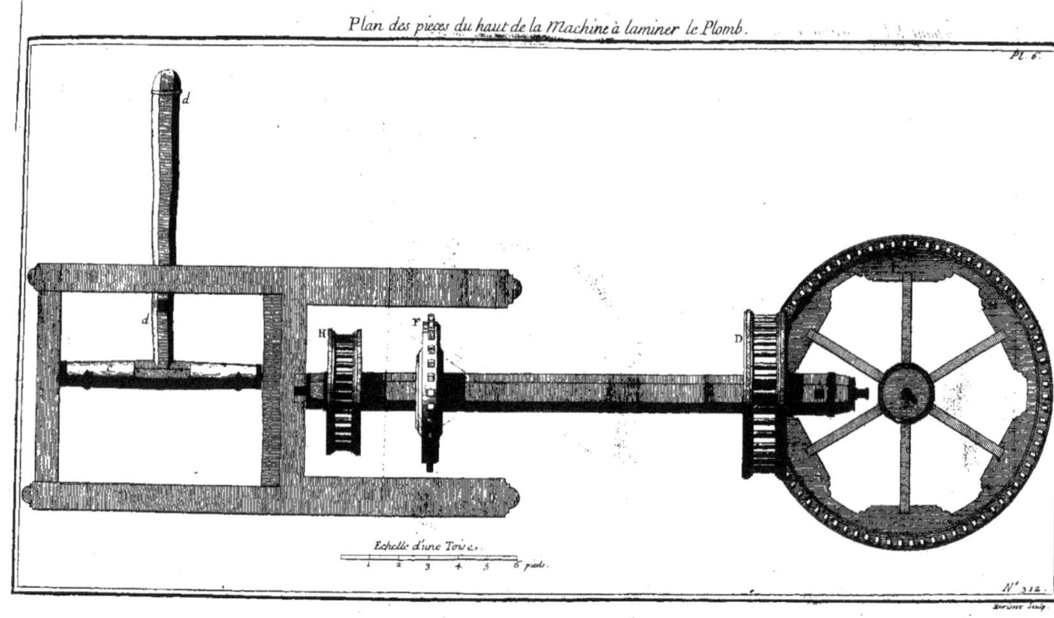
Plan des pieces du haut de la Machine à laminer le Plomb.
Pl. 6.
d
d
c
H
F
D
Echelle d'une Toise.
1 2 3 4 5 6 pieds.
N° 312.

Plan des pieces d'en-bas de la machine a laminer le plomb

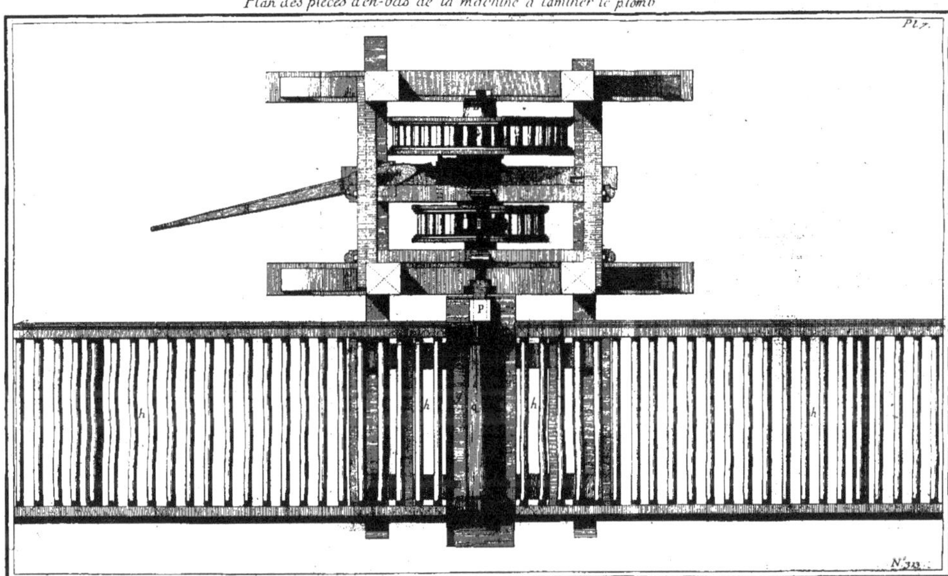

Dévelopement des pieces de la machine à laminer le plomb.

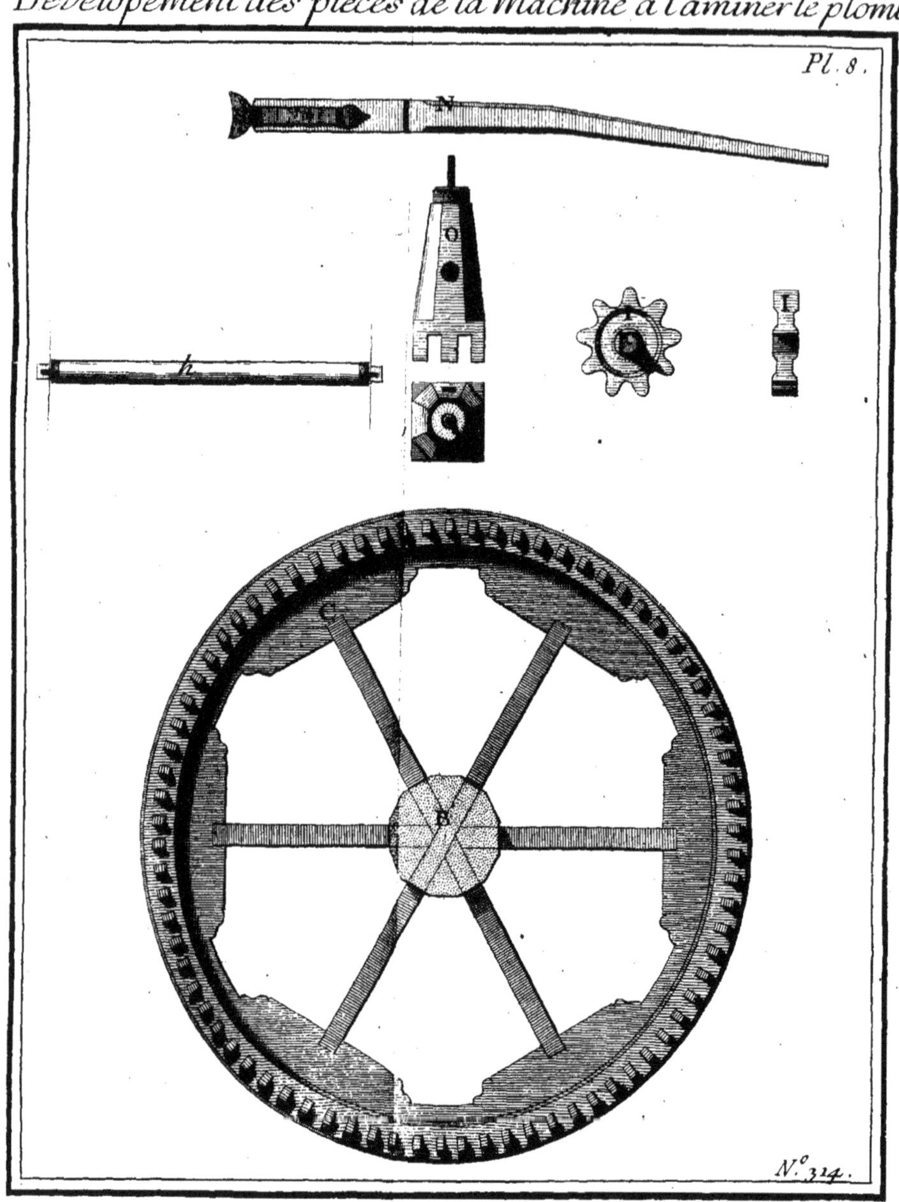

Herisset sculp.

Dévelopement des pieces de la Machine à laminer le plomb.

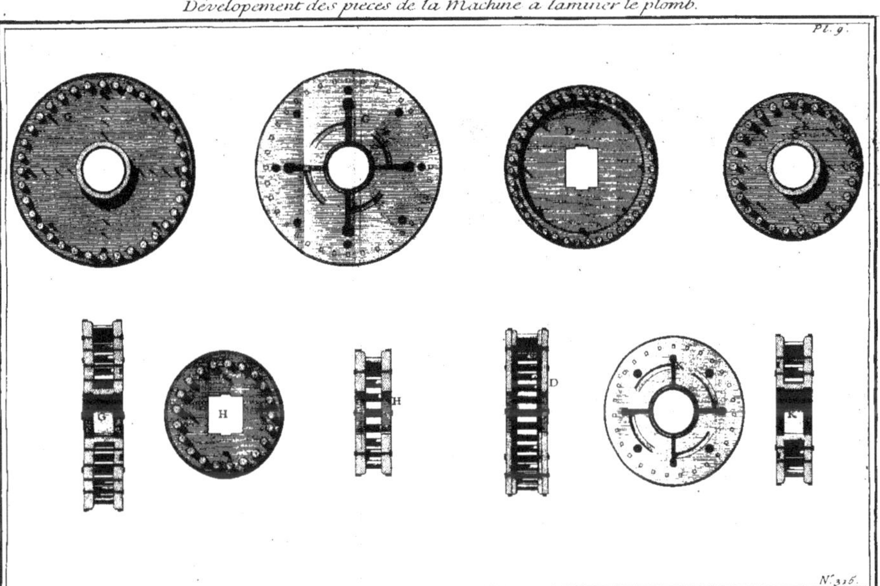

Developement des pieces de la machine à laminer le plomb.

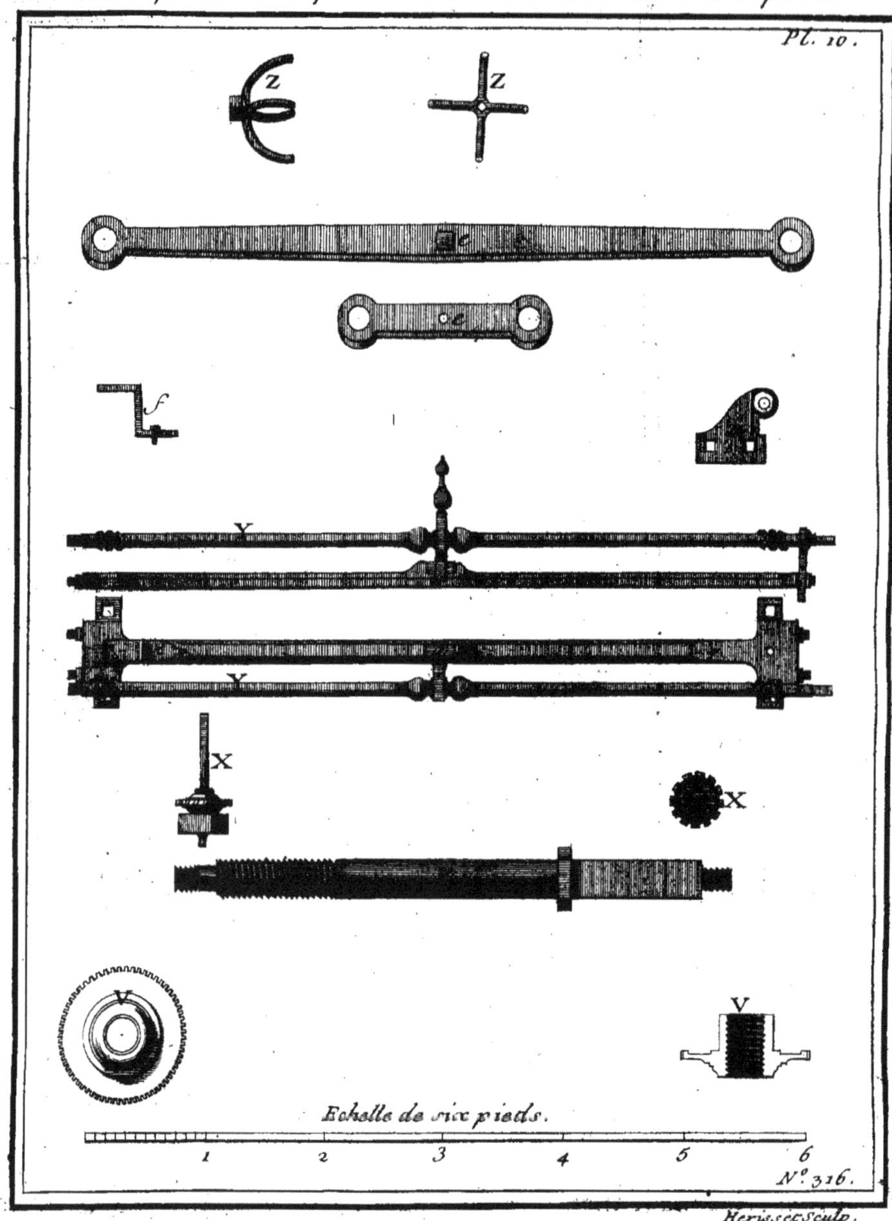

Herisset Sculp.

Machine à laminer le Plomb simplifiée

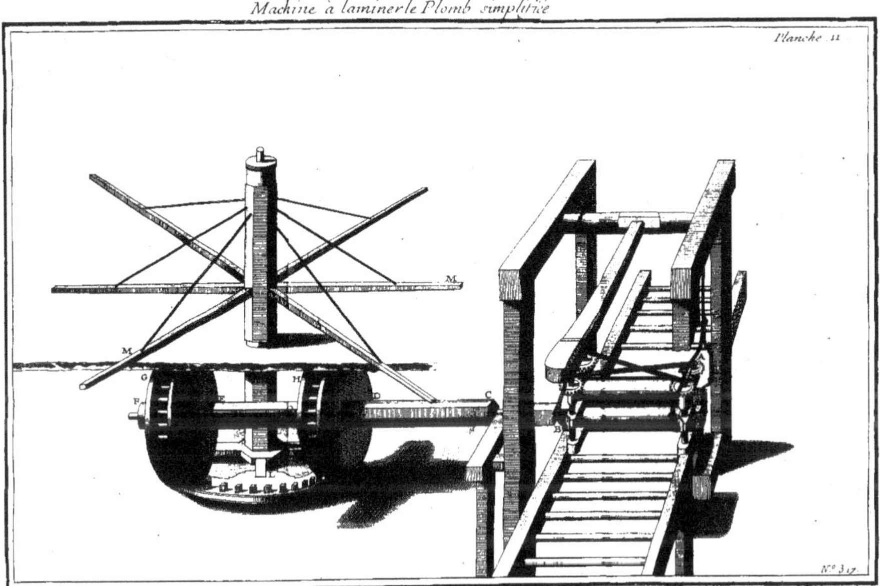

Rouleau creusé que l'on substitue à la place des rouleaux unis pour la machine à laminer le Plomb.

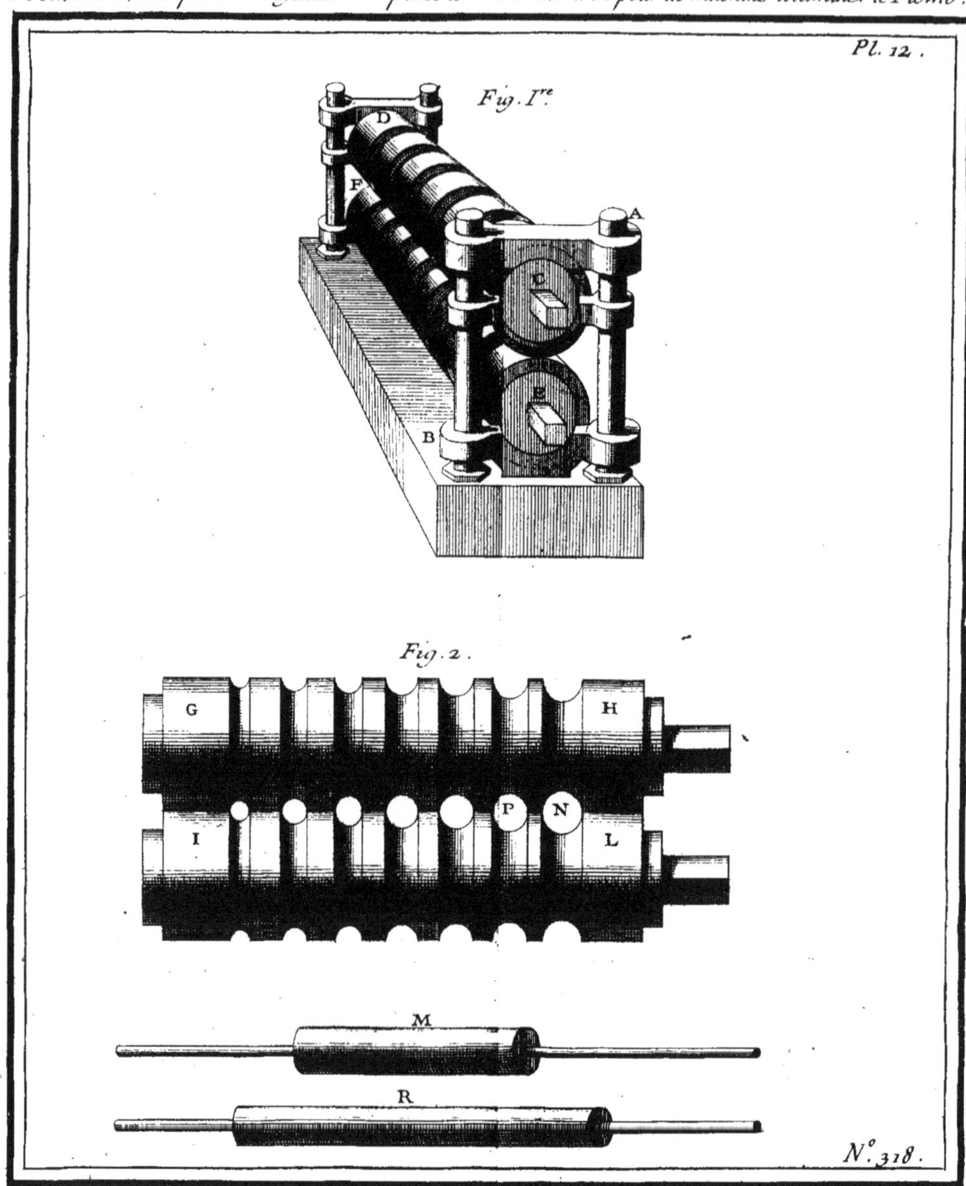

Herisset Sculp.

Machine à couler le Plomb et former les Tables pour être laminées.

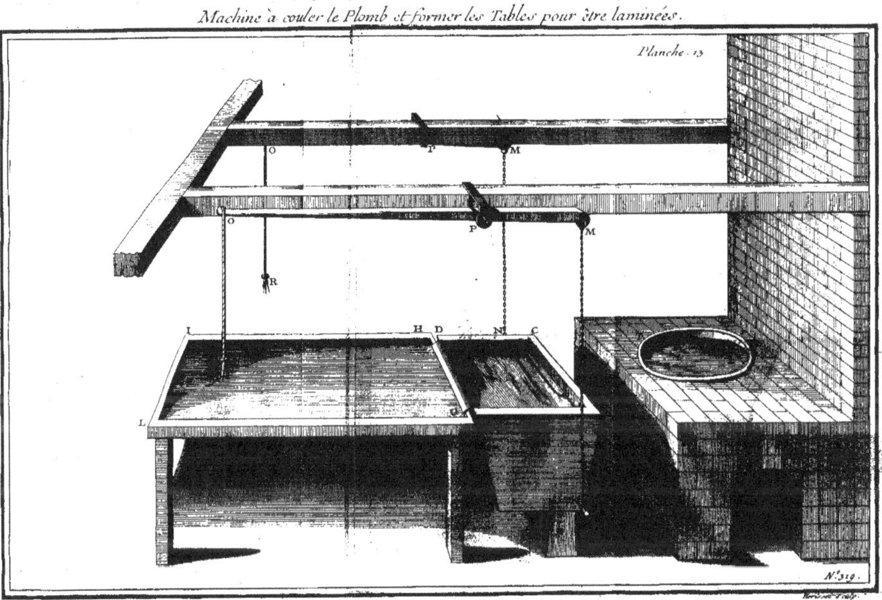

Gruë garnie d'un Cric pour l'usage de la machine à laminer le Plomb.

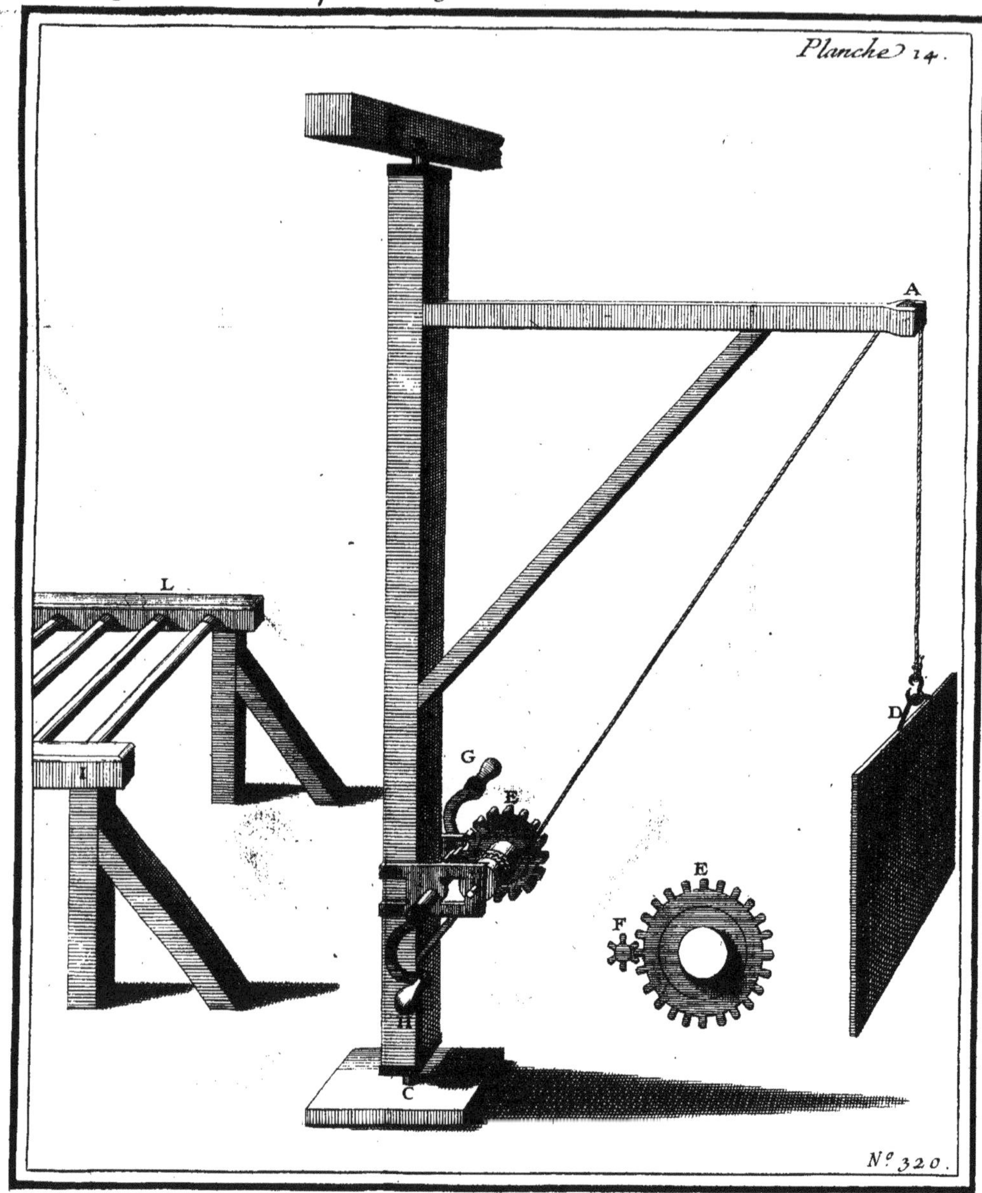

Herisset Sculp.

MOULE

A COULER DES TUYAUX DE PLOMB,

PROPOSÉ

PAR M. FAYOLLE.

1728. N°. 321. 322.

PLANCHE I.

LE Moule eſt poſé ſur une table quelconque ; il eſt compoſé de deux parties qui s'écartent & ſe reſſerrent plus ou moins au moyen de quatre étaux AAA, &c. deux de chaque côté. Ces étaux ſont fixés ſur la table, & les extrémités des vis qui les compoſent ſont attachées aux parties du moule, à l'extrémité duquel eſt un cric pareillement conſtruit ſur le bout de la même table. Ce cric tient à une lame C faite en forme de coin, qui partage le noyau compris dans l'intérieur du moule, & qui ſera développé dans la ſeconde Planche.

A la partie du moule la plus éloignée du cric, eſt une ouverture dans laquelle on jette le plomb fondu qui doit ſervir à former le tuyau.

PLANCHE II.

La premiere Figure de cette Planche, eſt une coupe par le milieu du moule, ſuivant la largeur de la table. L'on voit par cette Figure que les deux parties du moule ſont entretenues par les deux étaux AA, & que dans l'intérieur le noyau eſt de même partagé en deux parties BB, par le moyen de la lame C qui l'aſſemble à queue d'aronde.

La deuxiéme Figure fait voir le dedans d'une des
1728. moitiés du noyau brisé B avec sa lame C, tirée à demie
No. 321. & vûe sur sa largeur.

322. La Figure troisiéme représente l'intérieur d'une des moitiés du moule, avec son noyau brisé B & sa lame C, tirée encore à moitié, & vûe sur son épaisseur.

La maniere de se servir de cette Machine se conçoit à la seule vûe du dessein. Il faut d'abord s'imaginer la lame qui partage le noyau, poussée jusqu'au bout, comme on le peut voir dans la premiere Planche; ensuite le noyau étant soutenu par les extrémités du moule, qui sont fermées exactement: ce noyau étant donc placé dans le milieu du moule, & sa surface cylindrique étant éloignée à une distance égale du paroi intérieur du moule, il est clair que quand on jettera du plomb fondu par l'ouverture reservée au moule, cet intervalle se remplira de matiere & formera le tuyau de cette épaisseur. Ce tuyau étant refroidi, pour en ôter le noyau on écartera les deux parties du moule & on tournera les manivelles du cric qui tirera la lame du noyau; pour lors il n'y aura aucune difficulté à retirer & le tuyau & le moule de dedans. L'épaisseur du tuyau dépendra donc de la grosseur du noyau, qu'il faudra avoir attention de bien placer au centre du moule, afin que le tuyau soit d'une épaisseur toujours égale.

Cette Machine est en usage en plusieurs endroits, surtout en Angleterre, d'où elle a été tirée avec la Machine à laminer le plomb.

Moule à couler des tuyaux de Plomb.

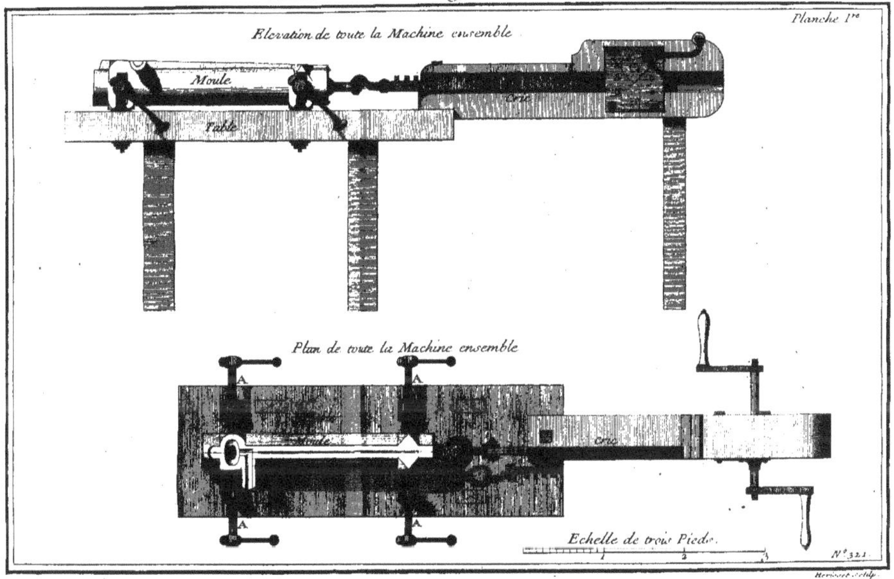

Dévelopement du Moule a couler des Tuyaux de Plomb.

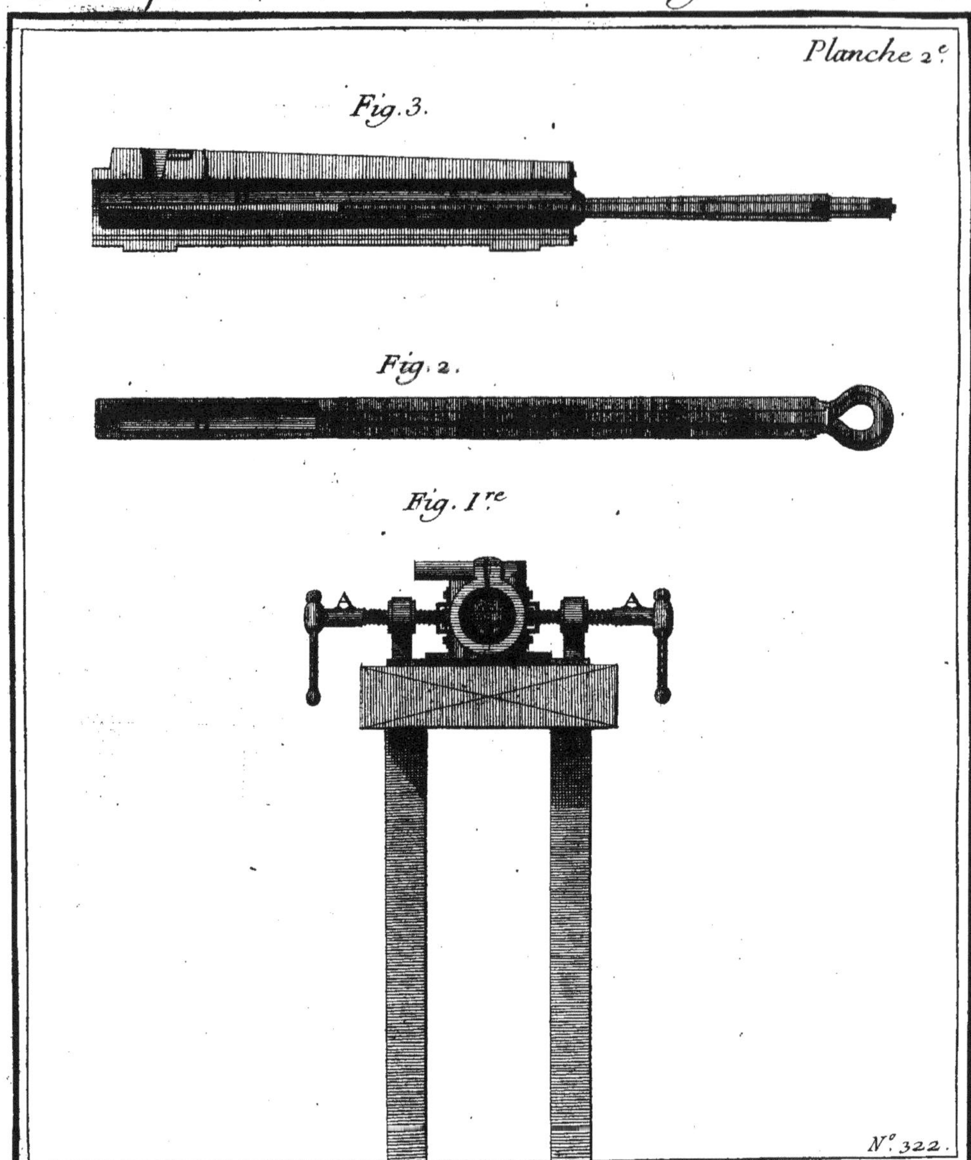

Herisset Sculp.

MACHINE

POUR ELEVER DES FARDEAUX,

PROPOSÉE

PAR M. DE MONTIGNY.

1728.
N°. 323.

AB est une roue taillée en forme de rochet, & fixée à l'extrémité C d'un treüil CD; ce treüil peut avec la roue tourner librement sur lui-même, son arbre étant soutenu par un montant E, dans lequel il est libre. Un semblable montant soutient le treüil à l'extrémité C; à ces deux montans (qui doivent être de fer) sont soudés deux bras GF, H aussi de fer, qui supportent une barre FH de même matiere; cette barre est éloignée de l'axe du treüil d'une distance proportionnée au rayon de la roue AB; à l'extrémité H est un levier coudé MN, dont l'angle est formé par des anneaux qui sont enfilés en cet endroit, de maniere que ce levier peut se hausser & baisser sur la barre HF: deux étriers IL sont joints à ce levier & servent à faire tourner la Machine; le premier étrier I est appliqué en N, & tire sur la roue lorsque le levier descend; le second étrier L est opposé à celui-ci, étant joint un peu au-delà du centre de mouvement du levier, par conséquent il fait un effet contraire au premier, c'est-à-dire, il ne fait tourner la roue que quand on éleve ce levier. Il faut remarquer que ces étriers se meuvent autour des cloux qui

les assemblent, & peuvent tomber par leurs propres poids
1728. sur les dents de la roue. Le poids P étant donc attaché à
N°. 323. une corde roulée sur le treüil CD, lorsque l'on fera monter le levier M, l'étrier L tirera sur la dent dans laquelle il est engagé & fera tourner le treüil; pendant ce tems l'étrier NL montera & prendra une autre dent qui rabattra, lorsqu'il sera lui-même rabattu par la descente du levier; ainsi successivement, d'où il suit que l'on pourra faire travailler cette Machine sans perte de tems.

L'intention de l'Inventeur de cette Machine, étoit de la substituer à la place du cabestan dans les vaisseaux; mais une Machine si lente ne paroît pas convenir dans des endroits où les manœuvres promptes sont absolument nécessaires. Cette invention d'ailleurs n'est pas nouvelle, le principe est le même que celui que M. de la Garouste a employé dans ses deux leviers de 1677. de plus la construction de cette Machine différe peu des *Crics de M. Daleme rapportés dans les Memoires de l'Académie de* 1716.

INSTRUMENT

Machine pour élever des Fardeaux.

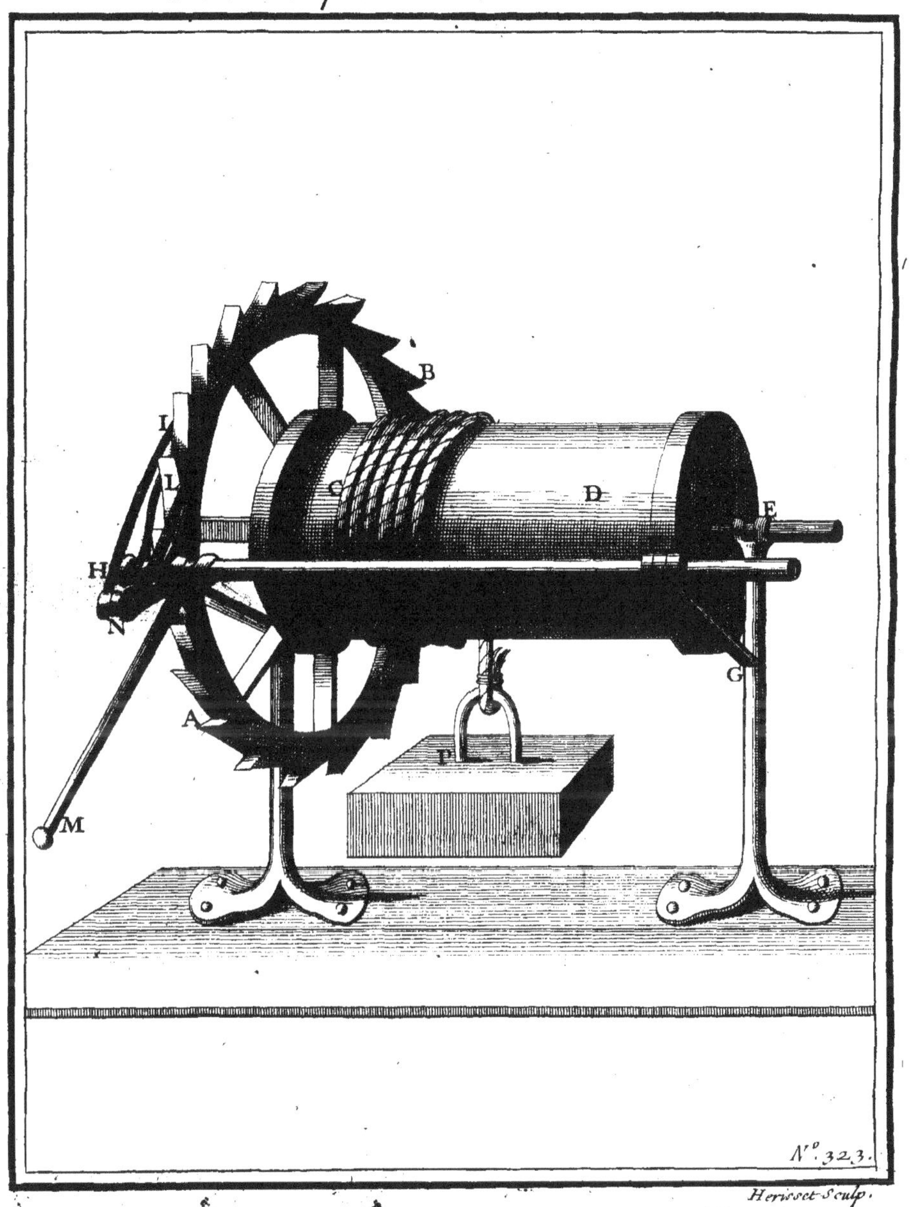

N°. 323.

Herisset Sculp.

INSTRUMENT

POUR PRENDRE HAUTEUR EN MER, INVENTÉ PAR M. DE MONTIGNY.

1728. N°. 324.

Fig. I.

AA est une plaque ou cercle de léton que l'on suspend par les quatre anneaux, 1, 2, 3, 4, entre lesquels est une boussole L; ce cercle est ouvert en CC; ces ouvertures tendent en S, qui est une boîte quarrée, contre deux faces de laquelle sont attachées deux fléches semblables à la Figure II. & par conséquent disposées dessus cette plaque en angle droit; ces fléches se haussent par cette boîte S, comme il sera expliqué ci-après.

Fig. I. & II.

Le gabet D, qui est fixement attaché sur une boîte qui coule le long de la fléche C, se meut par le moyen des cordes E,E,M,M, qui passent sur des poulies MM, & dans des trous faits sur cette plaque & vont s'entortiller d'un sens contraire l'une à l'autre autour d'une vis H dessous cette même plaque. La corde qui tient le gabet & qui passe par l'extrémité de la fléche, sert à faire reculer le gabet, & celle qui prend ce gabet simplement par dessous, sert à le faire avancer. Par ce moyen le gabet D se pourra mouvoir facilement le long de la fléche C, & posera toujours sur les côtés de la fourchete YX. Toute la fourchete tient à la boîte S par une charniere, autour de laquelle toute la

1728. N°. 324. flêche se peut aussi mouvoir : cette boîte est intérieure à une autre G ; au fond de celle-ci est une vis qui sert à faire monter & descendre la boîte intérieure S, & par conséquent la flêche qui se meut pour lors autour du point V, circonférence de la plaque ; le gabet Y est fixement attaché à l'extrémité de la fourchete.

Quand on voudra prendre hauteur il ne faudra que tourner la vis H à gauche pour faire monter les gabets, afin de reprendre l'ombre du marteau que le Soleil forme & la retourner à droite pour les faire descendre, en cas qu'on les ait fait monter plus haut que l'ombre.

Il ne s'agira donc pour prendre une hauteur assez juste que de lever la boîte S, pour que les gabets & marteaux soient à l'horison ; cela fait une fois avant de sortir du Port il ne sera plus besoin d'y toucher. Comme il y a trois sortes de marteaux, dont le moyen B tient à la flêche, la Figure III. est le grand, la Figure IV. représente le petit, & la Figure V. est la profondeur qu'ils doivent avoir ; le changement s'en fait facilement. Ayant d'abord enté un de ces marteaux au bout T de la flêche, on fera entrer un de leurs bouts Q dans une emboîture Z, élevée sur la charniere à l'extrémité X. La vis O sert à détendre les cordes, lorsque l'on veut changer de marteau ; P, P, marquent les visieres.

Instrument pour prendre Hauteur en Mer.

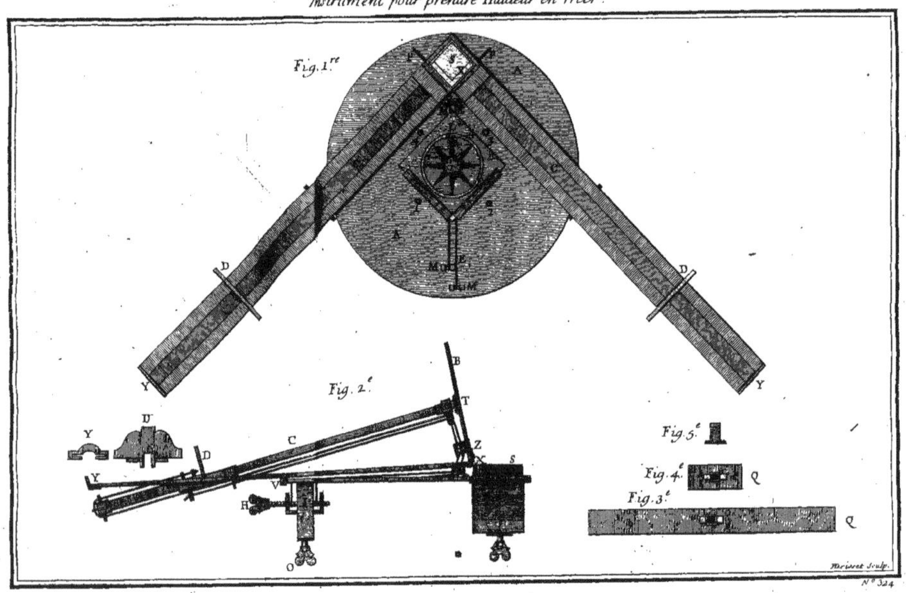

N° 324

MACHINE

POUR

SUSPENDRE DES INSTRUMENS EN MER,

INVENTÉE

PAR M. DE MONTIGNY.

DC est supposé le plat de l'instrument garni de quatre anneaux, tels que les deux EF.

1728.

No. 325.

ABC est un cone tronqué, composé de plusieurs cercles de cuir *IL*, *MN*, *OP* joints ensemble & pliés de même que le cuir d'un soufflet ; ce cone est terminé par deux plaques de cuivre A, B; au centre de la plaque supérieure A est une chaîne garnie d'un crochet H qui entre dans un anneau fixé au plat-fond du vaisseau.

Le cuir, qui est capable de s'alonger & de se racourcir, donne à cette Machine une espece de ressort qui supplée par ce moyen au tangage du vaisseau, d'où il suit que l'instrument demeure toujours parallele à l'horison : le roulis ne fait pas encore beaucoup d'effet sur cette suspension, puisque le cone & l'instrument ne sont suspendus que par le point H; il est évident que l'axe du cone sera toujours vertical, pourvu que le roulis ne soit pas considérable.

1728. No. 325.

Cette Machine, qui a été inventée pour ſuſpendre horiſontalement la précédente qui ſert à prendre hauteur en mer, peut également ſervir à toute autre ſuſpenſion de cette nature.

Machine pour suspendre des Instruments en Mer.

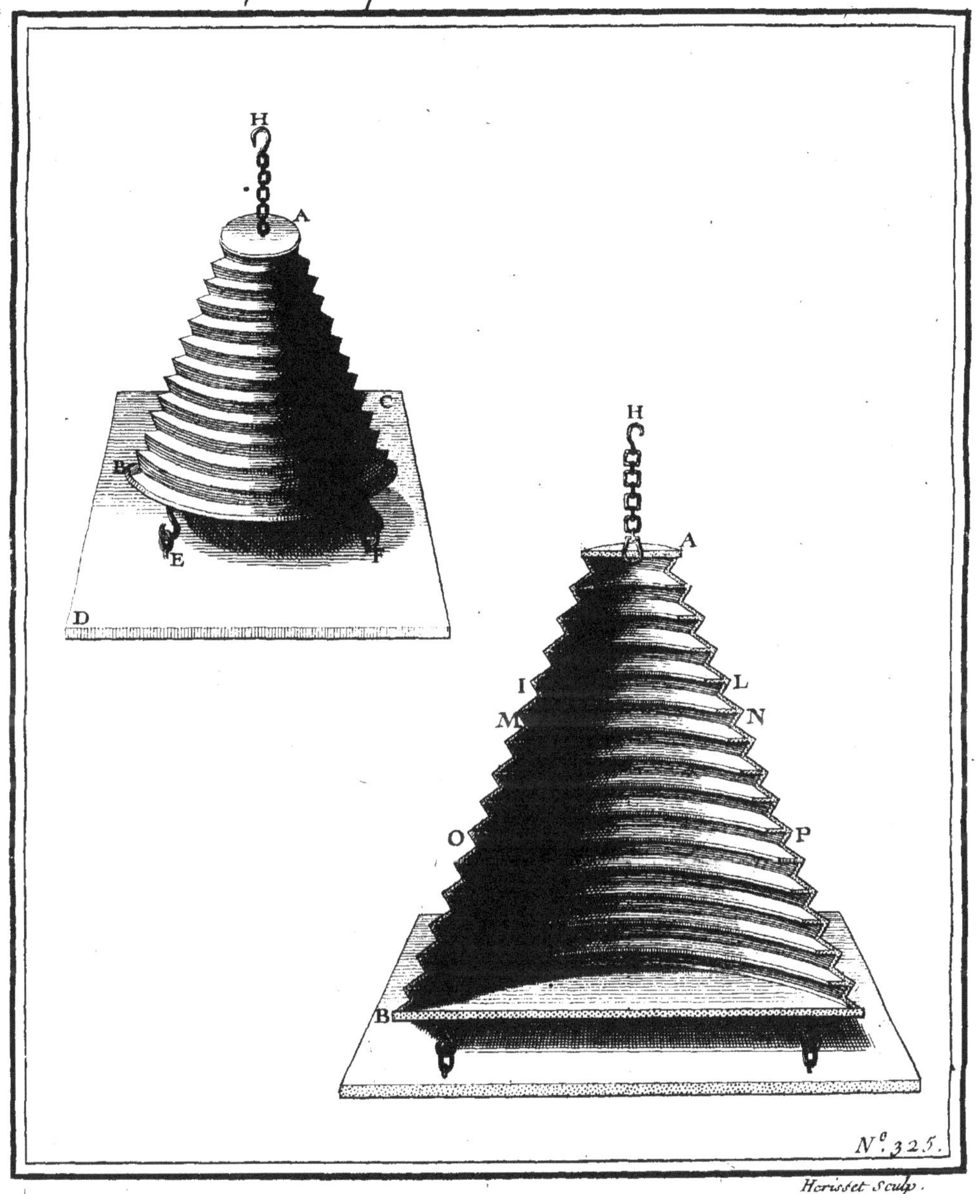

DISPOSITION NOUVELLE D'UNE REPETITION, INVENTÉE PAR M. JULIEN LE ROY.

TOUTES les Machines qui composent les Repetitions ordinaires sont placées en dedans de la cage, & ont rapport à la sonnerie qui fait *détendre & avancer* à toutes les heures & à *tous les* quarts les limaçons qui doivent regler les coups de marteau : or cette Mecanique étant assez connuë de tout le monde, il semble inutile de la rapporter ici, & il suffira de dire que cette Répétion ne différe des autres qu'en ce qu'elle est placée en dehors derriere la cage : voici le nom des pieces qui la composent. 1728. No. 326.

AA. Cramaillere des heures.
B. Limaçon des heures.
D. L'étoile.
E. Le sautoir.
F. Le rochet.
G. Cramaillere des quarts.
H. Limaçon des quarts.
I. Piece du Tout-ou-Rien.

Cette maniere de placer les pieces derriere la cage est
1728. très-bien imaginée, puisqu'elle donne lieu de s'instruire
N°. 326. en découvrant toutes les pieces qui entrent dans sa composition, & en faisant voir les effets qu'elle est capable de produire, ce qui a toujours été caché dans les Pendules qui l'ont précédée. L'Inventeur de celle-ci en a exécuté une qui est actuellement dans la chambre du Roi.

Quadrature d'une pendule où les Machines de la Répétition sont disposées d'une maniere nouvelle.

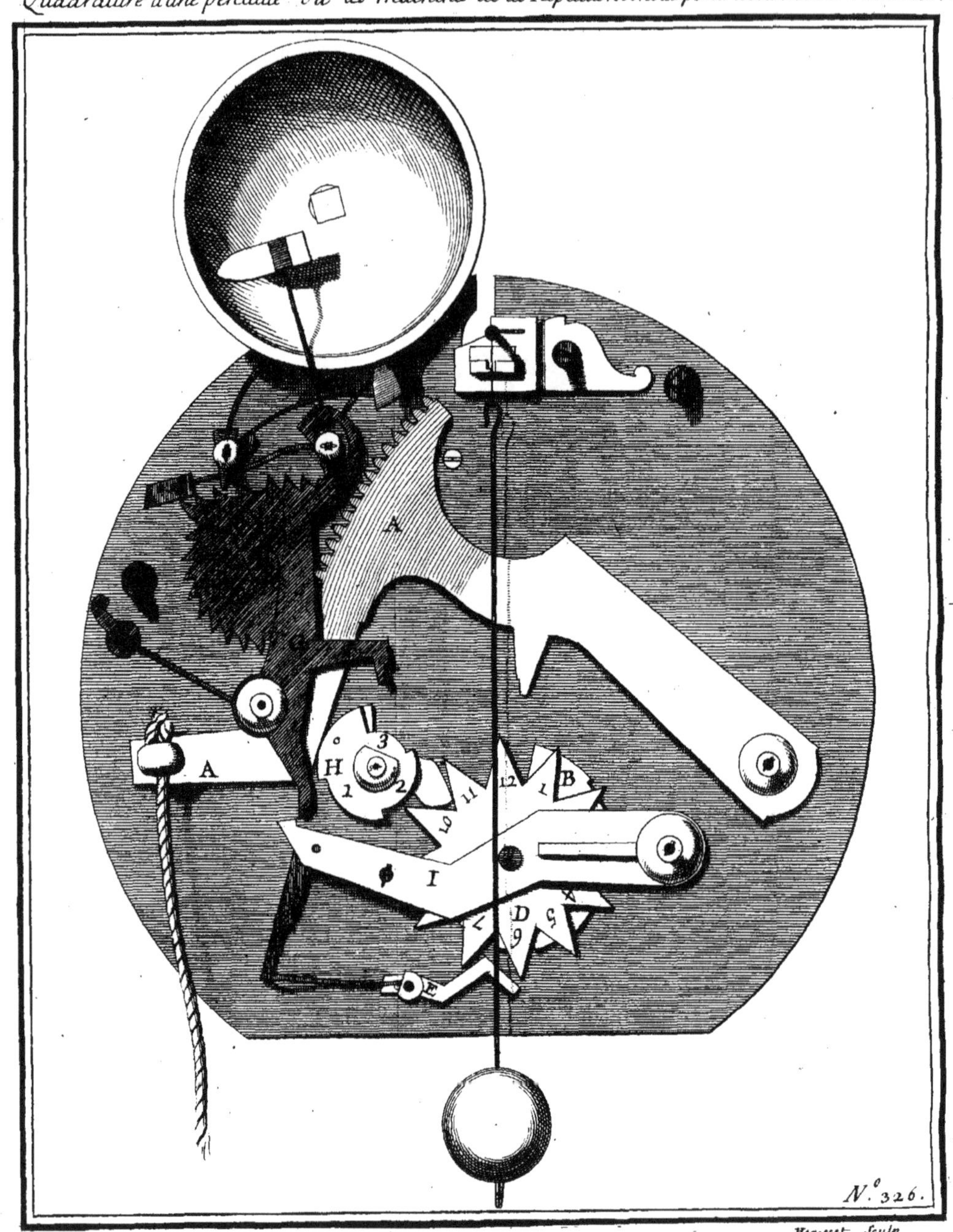

PENDULE

QUI MARQUE LE TEMS VRAI,

INVENTÉE

PAR M. PIERRE LE ROY.

L'EXTERIEUR de la plaque ABCD porte un cadran des heures à l'ordinaire & dans son intérieur un cadran de secondes. Le cercle des minutes, qui est la circonférence la plus éloignée du centre, est mobile ; ce cercle est attaché sur une roue dentée, menée par une seconde roue F qui a rapport au mouvement qui sera expliqué dans la suite.

1728. N°. 327. PLANCHE I. FIG. I.

Les deux petits cadrans G, H pratiqués à la partie inférieure de la plaque, sont indépendans du mouvement, ils ne servent qu'à marquer le tems auquel on la monte & les différentes irrégularités de la Pendule d'un tems à un autre, ce qui se fait en tournant les cercles extérieurs qui portent un ou deux boutons. Par exemple, l'on se servira d'abord du cadran G, & l'on mettra l'aiguille du centre sur le mois où l'on est, ensuite on tournera le cadran mobile & l'on mettra le quantiéme devant la fleur de lys fixée à la partie supérieure du cadran, après quoi on reviendra au second cadran H, l'on posera l'aiguille sur l'heure que la Pendule marque, & la minute se marquera aussi en faisant tourner le

1728. cadran mobile & poſant cette minute devant la fleur de lys
No. 327. comme on a fait pour le quantiéme au cadran précédent; par ce moyen l'on verra au bout d'un certain tems de combien cette Pendule aura varié. L'heure qu'il faut prendre eſt celle de midi, parce que l'on pourra faire marquer ces petits cadrans ſur une meridienne ou ſur un bon cadran ſolaire, & dans un autre midi l'on connoîtra la variation de la Pendule.

L'ouverture I porte un index qui marque le lieu du Soleil, qui ſe trouve gravé ſur une platine intérieure portée par la roue annuelle.

Dans les ouvertures L, M ſont marqués le lever & le coucher du Soleil gravés ſur la même platine.

La troiſiéme ouverture N fait voir le mois & quantiéme où l'on eſt.

Enfin la quatriéme O ſert à marquer ſi l'année eſt biſextile ou non.

FIG. II. Si nous ſuppoſons cette plaque renverſée dans le ſens CDAB, on découvrira la Mecanique de cette Machine.

Le pignon Z ſert à mener la roue annuelle P. Au centre de cette roue eſt fixée la courbe d'équation, QR qui lui eſt fixement attachée. Cette courbe frotte ſur une poulie T pratiquée au rateau STV9 mobile au point S. A l'endroit V du rateau eſt attachée une chaîne de montre qui eſt tirée par un petit barillet X fixé à l'arbre de la roue extérieure F, de maniere que le reſſort du barillet tire toujours ſur le rateau en appliquant exactement la poulie T ſur les bords de la courbe. L'on voit que la roue annuelle faiſant ſon tour en un an, le rateau ſuit préciſément les inégalités de la courbe, & tirant avec lui le barillet fait avancer ou retarder la roue F, enſemble la roue des minutes dans laquelle elle engréne; pour lors l'aiguille des minutes marque d'abord les minutes du tems moyen gravées au-deſſus des heures, & celles du tems vrai ſur le cercle mobile.

Pour

1728. N°. 327.

Pour contenir le cercle mobile & empêcher qu'il ne ſoit tiré tout-à-coup on a fait une ouverture à la plaque 1, 2, 3, dans laquelle entre une cheville qui tient à ce cercle : deux autres ouvertures ſont auſſi pratiquées plus près du centre : ces ouvertures ſont pour la communication du cadran à la ſonnerie ; mais à la platine de la roue de minute eſt un tambour 10, 11, 12, ſur lequel roule une ſeconde chaîne tirée par un reſſort 13, 14, qui tend à faire mouvoir le cercle d'un ſens contraire à l'engrénage de la roue F, moyennant quoi le cercle eſt contenu & ne peut avancer que de la quantité néceſſaire.

L'on ſçait qu'il y a deux manieres de faire marquer à une Pendule le tems vrai.

La premiere en accélerant & retardant le mouvement des aiguilles, & la ſeconde en faiſant avancer & retrograder le cadran des minutes ſuivant la même équation.

La premiere maniere eſt beaucoup moins juſte que la ſeconde ; car dans la premiere la roue dont l'axe porte l'aiguille n'ayant que trois quarts de pouce de rayon, le jeu de la denture donne à l'extrémité de l'aiguille un jeu qui eſt à celui de ſa denture, comme *la longueur de l'aiguille* eſt au rayon de *la roue* dont l'axe porte l'aiguille. De plus les roues qui ſervent à faire mouvoir cette derniere n'ayant auſſi que trois quarts de pouces de rayon, donnent encore à l'aiguille un jeu qui eſt à celui de chaque roue dans ſon pignon, comme le produit des roues eſt au produit des pignons.

Dans cette ſeconde maniere le cadran des minutes n'eſt point ſujet à ces ſortes de variétés. 1°. L'aiguille étant ſolidement attachée ſur une des roues du rouage comme dans les Pendules ordinaires, on n'a point cet inconvenient à craindre. 2°. Le mouvement du cadran des minutes ſe fait ſans jeu, puiſqu'il eſt tiré par un reſſort qui tend toujours à le faire retrograder, & que ce reſſort cede auſſi alternativement lorſque le cadran eſt emporté par la courbe qui a une force ſupérieure à celle du reſſort.

1728. N°. 327. Si cette Pendule ſe bornoit ſimplement à marquer le tems vrai, ce feroit un inconvenient qui ne ſe trouveroit pas dans celles qui l'ont précédée, qui marquent & ſonnent le tems vrai. Voici les Machines que l'Auteur employe pour faire ſervir les ſonneries ordinaires à ſonner le tems vrai; elles ſont repréſentées dans cette Figure par les lettres WK. On en va donner le développement dans la Planche ſuivante.

Pendule qui marque le temps vrai.

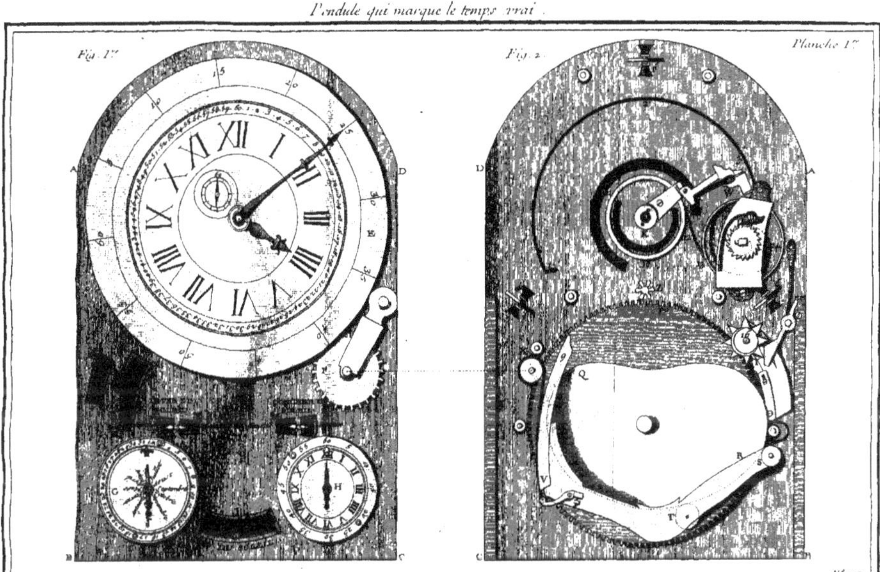

MACHINE

POUR FAIRE SONNER LE TEMS VRAI

APPLIQUÉE

A UN CERCLE D'EQUATION,

INVENTÉE

PAR M. PIERRE LE ROY.

CETTE *Machine* est appliquable à toutes les Pendules, pourvû qu'elles ayent seulement un cercle d'équation. 1728. Nº. 328.

Le cercle mobile A est supposé celui des minutes. C est l'allidade qui lui est attachée & qui marque l'équation sur la platine FCDE; la roue B est celle qui tient au barillet. Cette platine étant renversée l'on voit l'ouverture circulaire GHI pratiquée dans l'épaisseur du métal; cette ouverture est pour le passage des vis qui joignent la piece LM à la roue de minute. A l'extrémité M est assemblé à charniere le levier *MN*, au bout duquel est un cercle N, dont le centre répond toujours au centre du cadran, & la circonférence dont le bord est taillé en biseau touche à la détente QR de la sonnerie, qui est aussi en biseau; ce levier PLANCHE I. FIG. I. FIG. II.

ayant un mouvement perpendiculaire au plan du cadran ne
1728. ſçauroit être élevé, qu'il n'éleve auſſi la détente à laquelle il
N°. 328. touche. Au-deſſous de ce cercle eſt un petit plan incliné O, dont l'extrémité répond toujours à 60 minutes du cadran mobile des minutes, quelque mouvement qu'on donne à ce cadran, puiſque ce levier eſt fixé au cadran même & qu'il n'a que la ſeule liberté de ſe mouvoir perpendiculairement ſur ce même cadran.

La roue P des minutes porte une cheville, qui rencontrant le plan incliné O, fait lever le levier & par conſéquent la détente de la ſonnerie; & comme l'extrémité du plan incliné répond à 60 minutes, la cheville ne pourra ſe dégager que quand elle ſera arrivée à 60 minutes ; pour lors le levier & la détente retomberont, & la Pendule ſonnera. Puiſque la Pendule ne peut ſonner que quand la cheville & l'aiguille qui ſe meut ſeront à 60 minutes du tems vrai ; il ſuit que la Pendule marquera & ſonnera le tems vrai avec une ſonnerie ordinaire.

Pour conſerver toute la juſteſſe du mouvement de la Pendule on fait ſervir les roues de la ſonnerie pour mener le mouvement annuel & toutes les Machines qui dépendent du tems vrai. Par ce moyen le mouvement ne ſe trouve pas plus chargé que ſi la Pendule étoit ſimple ; ce qui ne ſe rencontre pas toujours dans les Machines de ce genre.

Le nombre des roues employé au mouvement annuel eſt beaucoup moins compoſé dans cette Pendule, que celui que l'on employe dans les mouvemens ordinaires ; on n'ajoute ici au rouage que deux roues, dont une porte la courbe ; ces deux roues ſont menées par un pignon placé ſur la tige de la principale roue de la ſonnerie ; la force neceſſaire pour produire un tour annuel, ne paroît pas porter aucun préjudice au mouvement de la ſonnerie.

Le nombre des dents des roues & pignons que l'on va donner, eſt ſi juſte qu'il ne ſera pas beſoin d'y toucher comme il arrive aux autres mouvemens de cette eſpece, dans leſquels on eſt obligé de faire une correction tous les ans.

1728. N°. 328.

On commence par le pignon de la roue du chaperon ou de compte qui fait ſon tour en 12 heures; ce pignon eſt de 14 dents. La principale roue de la ſonnerie qui mene le pignon, a 100 dents. Voilà pour les roues de la ſonnerie.

PLANCHE I. FIG. II.

La tige de la principale roue de la ſonnerie porte un pignon de 8, qui engréne dans une roue de 69; cette roue porte un pignon de 14, qui engréne dans la roue annuelle P de 166 dents. Cela poſé, cette roue qui porte la courbe fait ſon tour en 365 jours 5 heures $\frac{40}{49}$ d'heure; on lui fait marquer les années biſextiles en cette maniere. Après avoir pris ſur le cercle annuel une partie correſpondante à 5 heures $\frac{40}{49}$ d'heure, on a diviſé le reſte du cercle en 365 parties égales pour les 365 jours des années qui ne ſont pas biſextiles. Suivant cette diviſion ſi l'index étoit fixe, il eſt évident que le premier Mars & tous les jours ſuivans de la premiere année après la biſextile, il arriveroit à l'index 5 heures $\frac{40}{49}$ d'heure trop tard; que ce retard ſeroit double la ſeconde année, & triple la troiſiéme.

Pour remedier à cet inconvenient on a rendu l'index mobile de la maniere ſuivante.

On a mis une cheville P ſur la roue annuelle; cette cheville fait paſſer tous les ans une dent de l'étoile 16, qui porte une eſpece de limaçon qui fait reculer trois ans de ſuite le 28 Fevrier à minuit l'index Y, qui paroît à l'ouverture N de la Figure I, enſorte que le premier Mars ſe trouve toujours ſous l'index; mais la quatriéme année la queue de l'index Y ſe trouvant vis-à-vis la partie du limaçon qui eſt la plus proche du centre, alors l'index avance vers le centre du limaçon de la quantité qu'il s'étoit écarté en trois ans; ce qui fait l'année biſextile.

Par ce moyen les années civiles ſe trouvant dans un juſte rapport avec les années ſolaires; ſi on laiſſe arrêter la

Pendule il suffira pour que le cadran du tems vrai se trouve dans la juste situation où il doit être par rapport à celui du tems moyen, de mettre le jour du mois sur l'index Y, au lieu qu'aux autres Pendules l'année civile n'étant pas dans le juste rapport avec l'année solaire, on est obligé de chercher le dégré du lieu du soleil du jour où l'on est.

1728.
N°. 328.

Pour éviter le frottement de la roue des minutes mobile sur la plaque, on pratique dans l'épaisseur de cette plaque trois rouleaux 4, 5, 6, sur lesquels porte le cercle des minutes.

Machine pour faire Sonner le tems vray appliquée a un Cercle d'Equation.

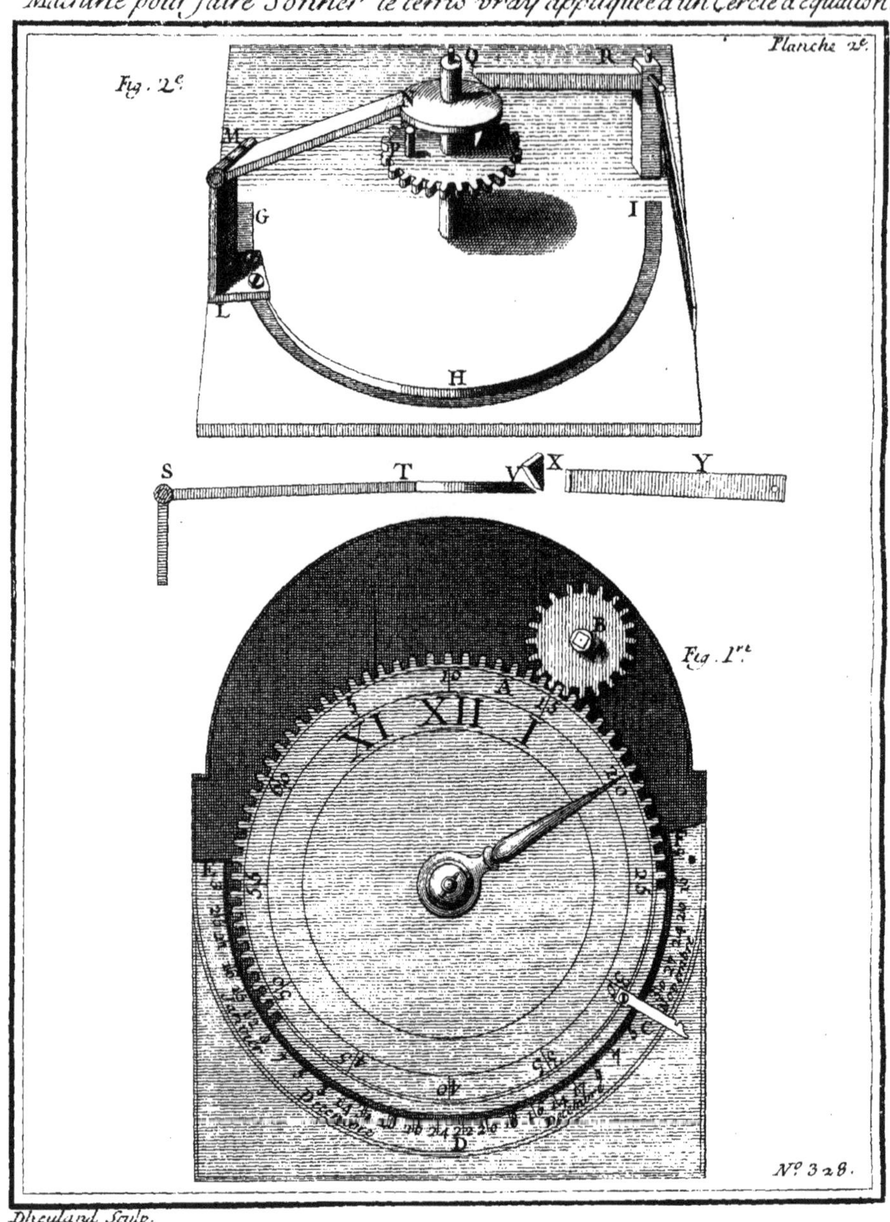

Dheulland Sculp.

CERCLE D'EQUATION PERFECTIONNÉ

AVEC LA MANIERE D'Y APPLIQUER LA SONNERIE DU TEMS VRAI.

INVENTÉ

PAR M. PIERRE LE ROY.

MONSIEUR le Roi a imaginé un moyen simple de faire marquer & sonner le tems vrai & toutes sortes de Pendules simples, en leur ajoutant seulement un Cercle d'équation mobile ABCD, auquel seront adaptées les Machines de la sonnerie que nous avons décrites ci-devant. Ce Cercle d'équation différe des autres en ce que la partie EFG de sa circonférence est dentée ; elle engréne dans une roue *HI* perpendiculaire à la surface & pratiquée au côté de la boîte : l'arbre LM de cette roue est prolongé hors de cette boîte, & porte un bouton godronné qui sert à faire tourner la roue & le cadran, de maniere

1728. N°. 329. PLANCHE III.

1728. N°. 329. qu'au moyen d'une Connoiſſance des Tems ou autres Tables qui vous indiquent le tems vrai, on fera mouvoir le cercle des minutes en éloignant la minute 60 du tems vrai de la minute 60 au moyen qui eſt fixe au-deſſous, & cela ſelon les différences marquées dans les différens tems. Ce Cercle entraînera néceſſairement avec lui les Machines de la ſonnerie qui lui ſont appliquées, & feront auſſi ſonner le tems vrai.

Cette Mecanique, quoique ſimple, eſt ingénieuſement imaginée; par ſon moyen l'on peut tourner le Cercle mobile plus aiſément & avec plus d'égalité, on n'a point la peine d'ouvrir la Pendule, & on ne ſalit aucunement le cadran. L'Auteur ajoute une autre petite perfection au-deſſous de l'ouverture N, où paroiſſent les chiffres des mois; cette perfection eſt de denter la roue ſur laquelle ſont gravés les quantiémes, & avec le doigt par deſſous la plaque du cadran l'on peut tourner la roue pour faire paroître à l'ouverture tel chiffre qu'il ſera néceſſaire ſans rien gâter des chiffres gravés, comme quand on les tourne avec une pointe.

Quoique pluſieurs perſonnes ayent déja préſenté à l'Académie des Pendules à équation, ou qui marquent le tems vrai, l'avantage que celle-ci a de ſonner le tems vrai avec une ſeule aiguille des minutes, & de donner une diviſion ſi exacte de l'année ſolaire, qu'elle diſpenſe de faire les corrections néceſſaires aux autres Pendules à équations; on la doit conſidérer comme une des plus parfaites qui ayent parues.

QUADRATURE

Maniere de faire tourner le Cercle d'Équation sans estre obligé d'ouvrir la boeste de la Pendule.

Planche 3e.

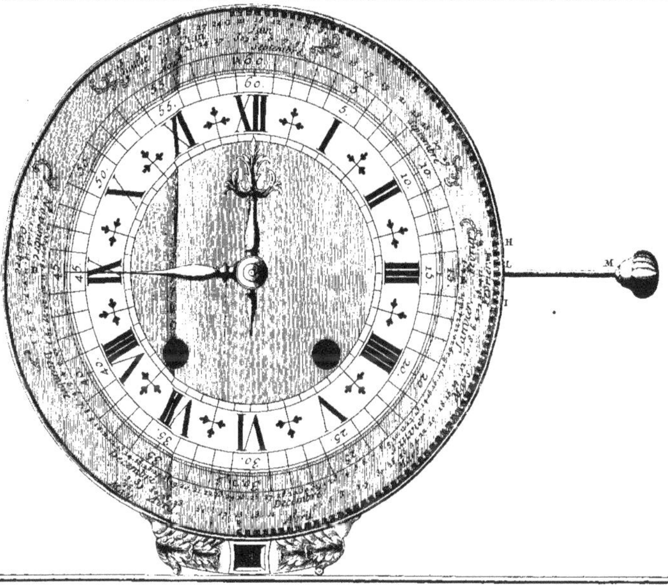

H

L

M

I

Nº 329.

Dheulland Sculp.

QUADRATURE

DU TEMS VRAI,

APPLIQUÉE A UNE REPETITION.

LA roue annuelle A porte la courbe B sur les bords de laquelle frotte la branche N de la piece NMI, mobile au point M; cette piece qui est faite comme un V, est toujours poussée vers la courbe par le ressort O. F est la roue des minutes du tems moyen; la petite roue E qui est à son centre, porte l'aiguille des minutes du tems vrai; elle est engrénée par deux portions de roue dentée I, G, qui font avancer ou retarder cette aiguille suivant l'équation. La branche N fait mouvoir la denture G; cette branche est pour les parties de la courbe les plus éloignées du centre; l'autre branche L qui a rapport à la seconde denture I, est pour faire mouvoir l'aiguille dans les parties de la même courbe les plus proches du centre. La roue C est une des roues du mouvement; elle porte à son centre un pignon D, qui fait mouvoir la roue annuelle, & la fait avancer d'une dent par jour. Les autres parties de la Pendule ne différent point de ce qui est connu dans l'usage ordinaire.

1728. N°. 329.

Quadrature du Tems vray appliquée a une repetition

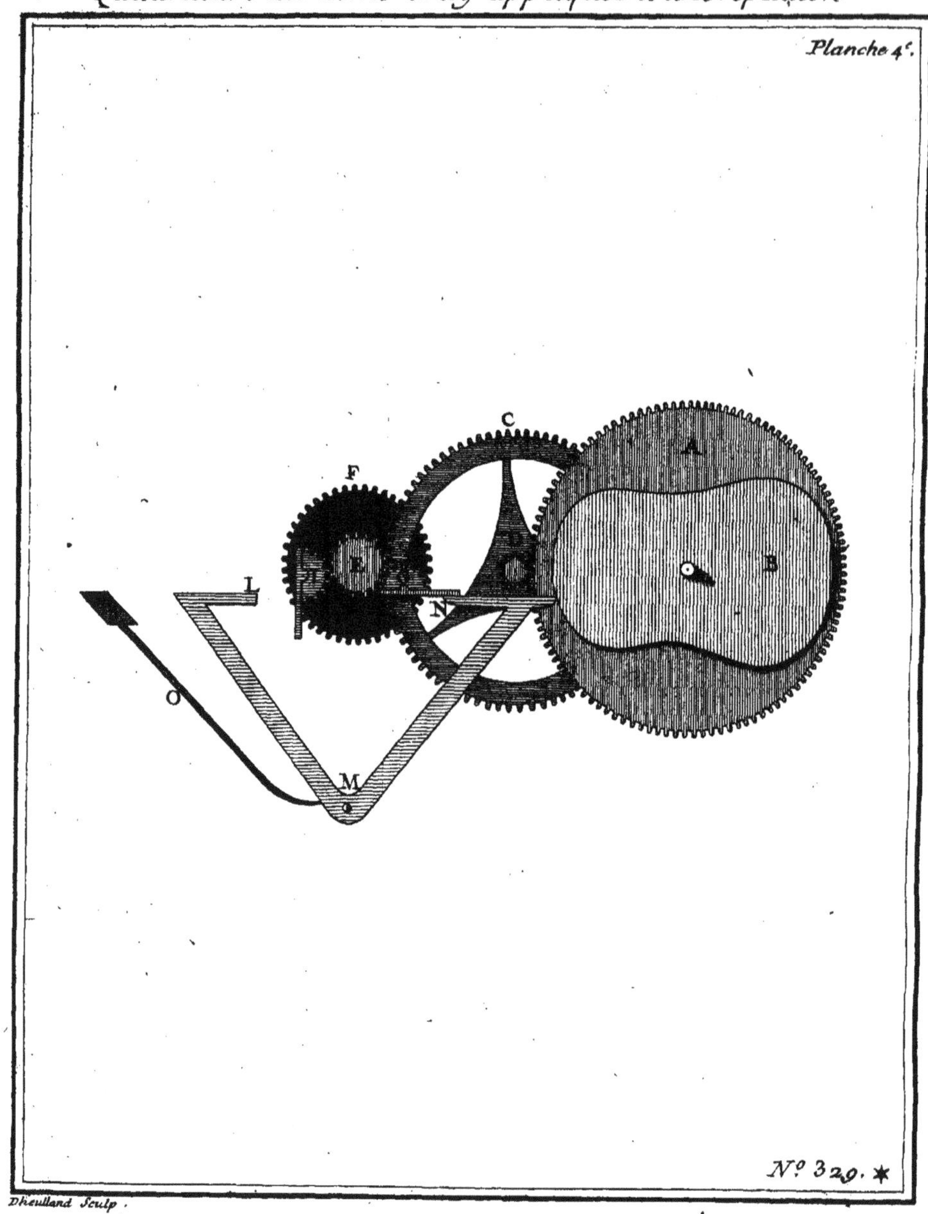

PENDULE A REPETITION ET A TOUT-OU-RIEN, INVENTÉE PAR M. COLLIER.

LE mouvement de cette Pendule n'a rien de différent des autres ; la repétition est seulement perfectionnée. Les repétitions ordinaires ne sonnent que les quarts, celle-ci sonne les quarts & les demi-quarts ; ce qui sert à faire sonner les quarts est une piece que l'on appelle *main*, parce qu'elle est fendue par quatre doigts dans lesquels entre une cheville fixée sur la poulie du triage ; la main AB est ici divisée en 8 doigts, dans lesquels la même cheville entre successivement ; cette main a son centre de mouvement au point B, & a rapport au reste du mouvement comme dans toutes les autres Pendules de ce genre. Le Tout-ou-Rien sont des pieces qui empêchent, que la Pendule ne sonne, à moins que l'on ne tire la quantité nécessaire pour lui faire rapporter juste l'heure qu'il est quand on le veut sçavoir ; ce qui est d'autant plus nécessaire que la nuit il se peut faire qu'on ne tire ce cordon qu'à moitié, & si la Pendule n'a pas le Tout-ou-Rien elle rapportera faux ;

1728. N°. 330.

& au lieu de sonner l'heure qu'elle marque, elle en sonnera une autre, ce qui n'arrive pas dans les repétitions de cette espece, qui ne rapportent rien si l'on ne tire suffisamment le cordon; alors on aura toujours l'heure juste.

1728. N°. 330.

Repetition a tout ou rien.

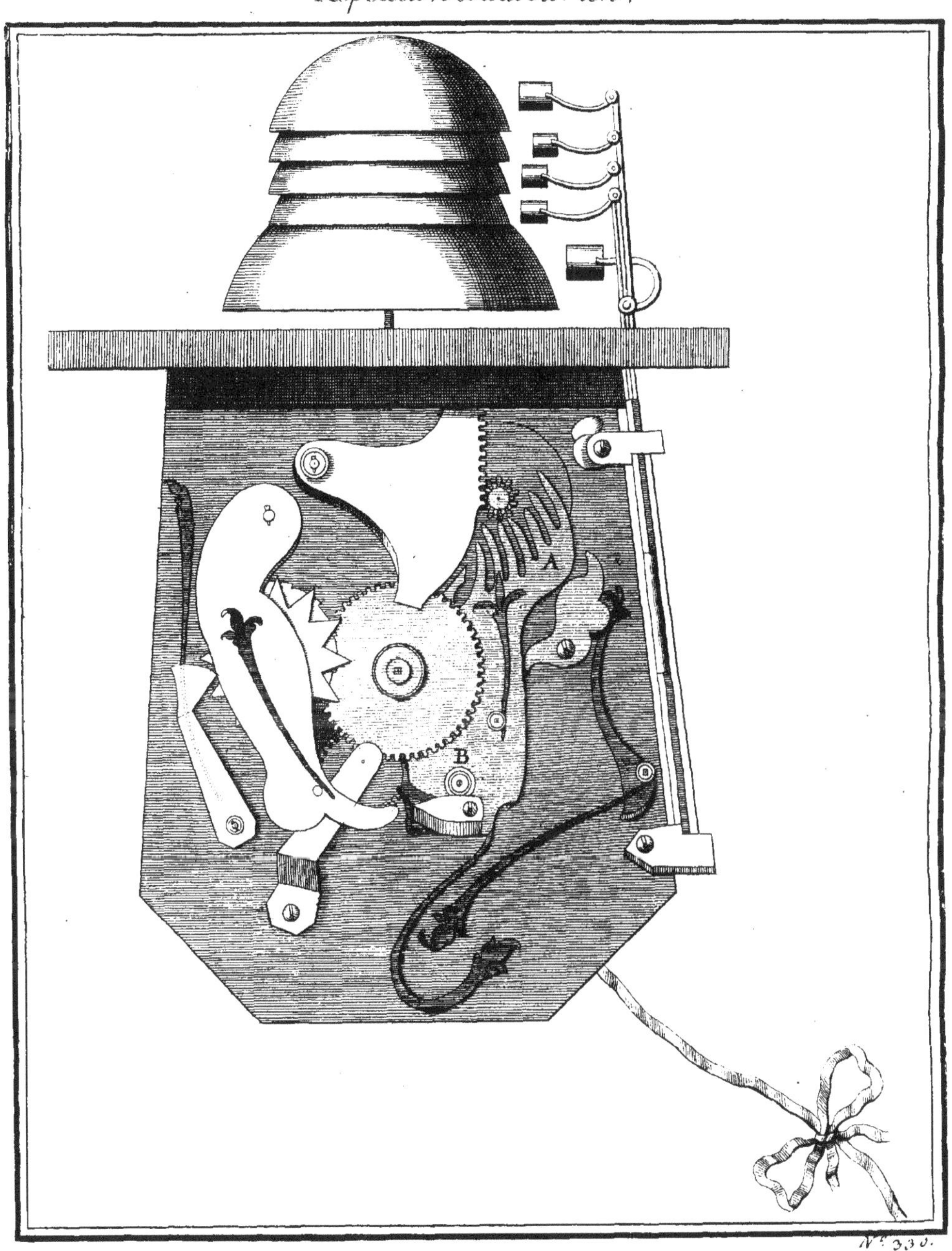

N.° 330.

TOUT-OU-RIEN

PERFECTIONNÉ ET APPLIQUÉ

A LA PENDULE PRECEDENTE,

PROPOSÉE

PAR M. COLLIER.

LE Tout-ou-Rien que l'on vient de décrire est plus difficile à exécuter & plus sujet à erreur que celui-ci que l'on peut facilement substituer à la place ; il est composé de la maniere suivante. 1728. N°. 331.

Le levier coudé ABC est mobile au point A ; il porte au point B le limaçon des heures D, & l'étoile Q garnie de son sautoir ; cette étoile marche par le moyen d'une cheville fixée sur la roue de minutes E, qui la fait avancer d'une dent à toutes les heures, & par conséquent le limaçon des heures avance aussi d'une heure ayant autant d'entailles que l'étoile a de dents. Le bout C du levier coudé entre dans une coche du petit cylindre qui porte les levées F des marteaux ; ce même cylindre porte une seconde pointe G, qui excéde sur la roue des chevilles H. Cette roue est enarbrée sur l'arbre de la poulie I, sur laquelle passe le cordon L, & porte aussi le pignon M, qui mene le rateau N, de

1728. No. 331.

maniere que les chevilles de la roue H ne ſçauroient faire mouvoir les levées F, pendant que le cylindre ſera retenu par le bout du levier C; il faut donc pour dégager ce levier, tirer aſſez fort ſur le cordon L, pour que le rateau N vienne frapper ſur le limaçon des heures; alors par ce choc le limaçon, l'étoile & le levier ſe retirent en arriere, le bout C du levier en ſe décrochant laiſſe la liberté aux levées de faire jouer les marteaux qui ſonnent ſur le timbre l'heure veritable.

Tout-ou-rien pour les Pendules à repetition.

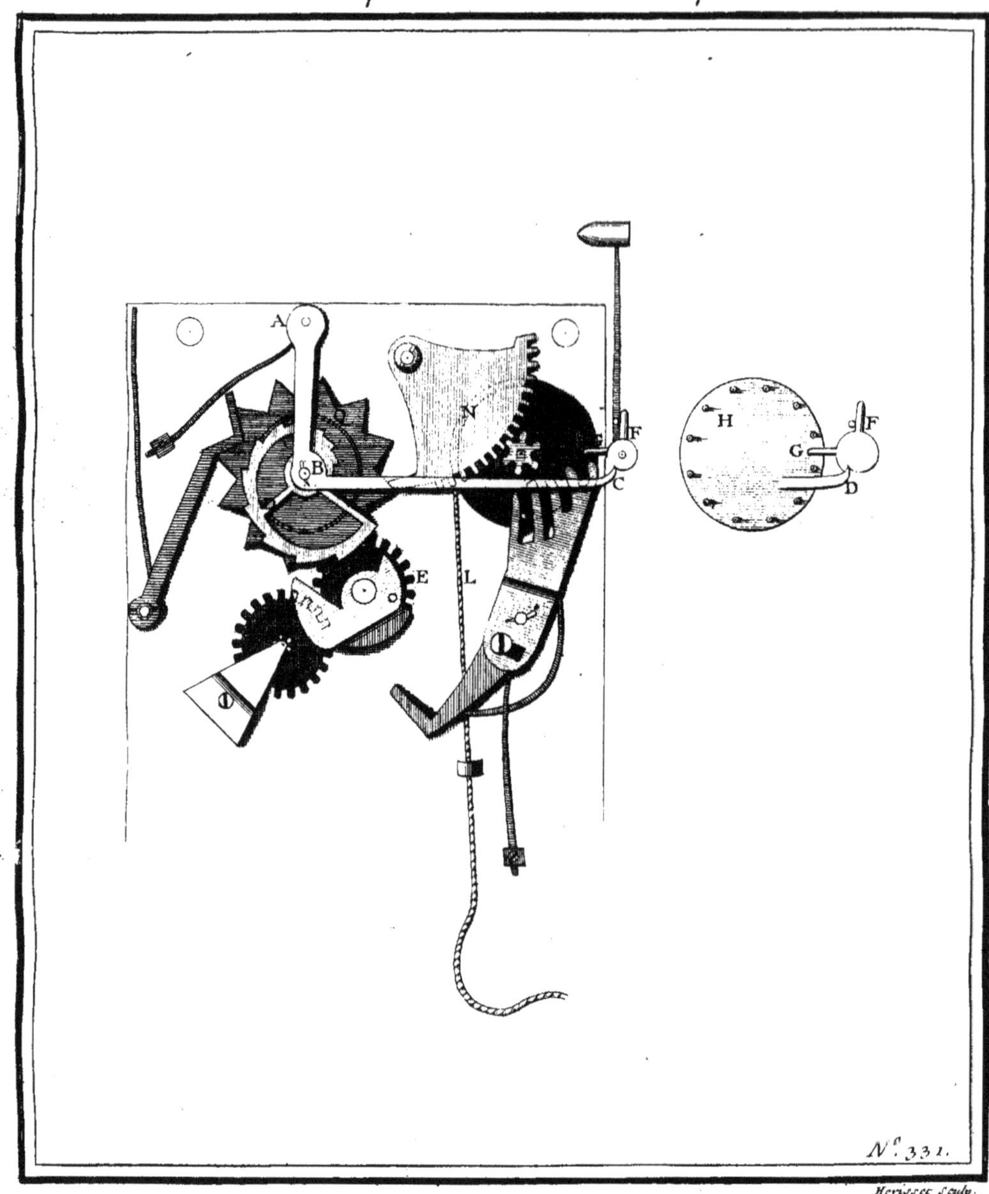

Herisset Sculp.

HORLOGE A DOUBLE PENDULE POUR LA MARINE,

PROPOSÉE PAR M. DUTERTRE.

LE corps de la Pendule est fixé à un chassis FG mobile sur les deux points HL, qui sont des supports fixés au chevalet dans lequel la Pendule est suspendue; cette suspension est la même dont on se sert pour les compas de mer. Le rouage de la Pendule ne contient rien de nouveau, un cadran à l'ordinaire marque les heures & minutes, & un autre cadran marque les secondes; c'est dans l'échappement que consiste l'art de la Machine. 1728. N°. 332. Fig. I.

L'on sçait qu'une pendule simple ne peut être dans un mouvement continuel à la mer à cause des différens mouvemens du vaisseau; on remédie à cet inconvenient par cet échappement. Il est composé d'une roue à rochet à l'ordinaire A, de deux roues dentées B, C, qui s'engrénent l'une dans l'autre; les arbres de ces roues portent les palettes EF, & les balanciers HI assujétis aux arbres des roues, comme on le voit dans le profil de cette Figure. L'on conçoit d'abord les effets des palettes sur les dents Fig. I.

1728. N°. 332.

du rochet, puisque cet échappement est peu différent de l'échappement à pate de taupe ; mais les pendules étant mis en mouvement doivent aller tant que la Pendule marchera, & cela par l'engrénage de ces deux roues, qui détermine les vibrations des Pendules ; leur suspension n'est point sujette à se corrompre, puisqu'ils ne sont point suspendus par des soyes, & qu'au contraire ils sont assujétis aux arbres des roues par des vis qui les tiennent toujours fixés à ces mêmes arbres : il arrive de-là que quelque inclinaison de droite à gauche, ou de gauche à droite que l'on donne à la pendule, elle sera toujours en mouvement, puisque la pendule étant inclinée le balancier L a autant de force pour aller vers M, que le balancier M acquiert de résistance par cette situation inclinée pour monter vers L, supposant l'inclinaison de gauche à droite.

RECUEIL

Horloge a double Pendule pour la marine

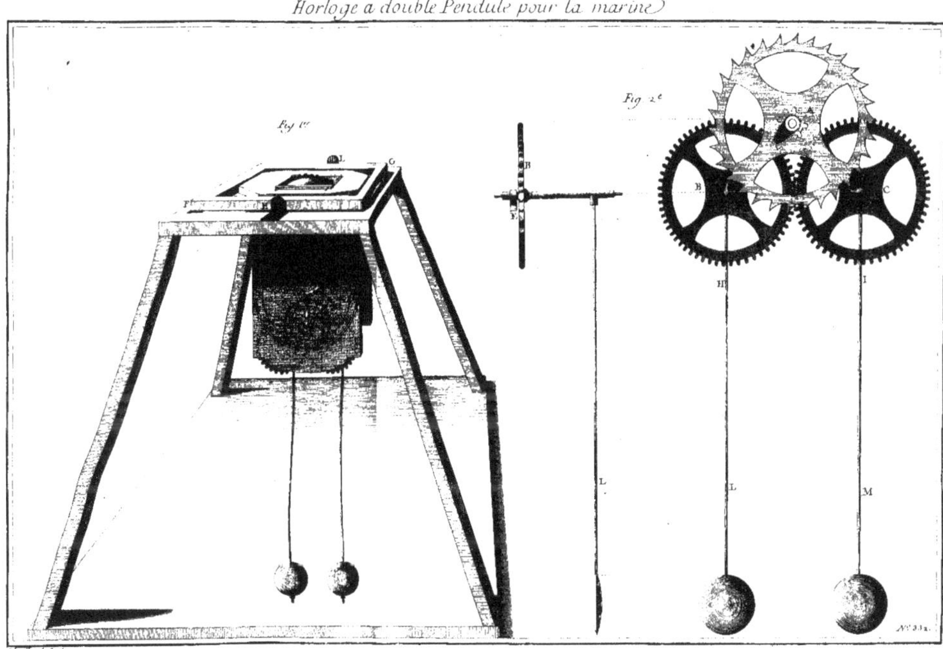

RECUEIL
DES MACHINES
APPROUVÉES
PAR L'ACADÉMIE ROYALE DES SCIENCES.

ANNÉE 1729.

MACHINE

POUR EXECUTER SUR LE TOUR

TOUTES SORTES DE CONTOURS REGULIERS ET IRREGULIERS,

PAR M. DE LA CONDAMINE,

DE L'ACADEMIE ROYALE DES SCIENCES.

1729. N°. 333. 334. 335. PLANCHE I. FIG. I.

L'ON ſçait que la principale piece du Tour figuré eſt la roſette, c'eſt elle qui produit toutes les varietés que nous voyons du Tour, ſans ſon ſecours on ne pourroit jamais tourner que le *rond* ; c'eſt donc dans les différentes manieres d'appliquer & de faire agir cette roſette, que conſiſte la nouveauté de cette Machine, elle eſt compoſée de la maniere ſuivante.

Un mouvement de pendule ordinaire AB fait lui ſeul toutes les opérations, après avoir préparé deſſus les pieces convenables à la figure que l'on veut tracer, bien entendu que l'on ſuppoſe le rouage monté; D eſt ſon encliquetage ou remontoir; EF eſt une détente qui retient le volant G, cette détente étant tirée de gauche à droite laiſſe le volant libre, & par conſéquent le rouage qui pour lors tourne de toute la force dont le grand reſſort eſt capable. L'arbre du pignon que le barillet fait mouvoir eſt prolongé de part & d'autre en dehors des platines. L'extrémité de ce côté-ci porte une piece plate de cuivre H qui représente la rosette du Tour que l'on suppose ici quarrée, & de l'autre côté le petit tambour IL; l'un & l'autre étant

1729. N°. 333. 334. 335. fixés à cet arbre sont nécessairement entraînés par les révolutions du pignon. La petite piece M qui porte sur les bords de la rosette, est ce qui tient lieu ici de la touche

Fig. II. du Tour. La partie qui frotte est taillée en couteau; cette touche qui tient à la piece N, se peut ôter quand on veut pour substituer à la place une autre touche que l'on fixe sur le quarré O, dont on parlera dans la seconde Planche. La piece N est attachée par deux vis sur une seconde piece qui est unie aux deux montans PQ, RS dans les quatre tenons Z, de maniere que le tout tend à descendre par le moyen d'un petit barillet T adapté sur la platine derriere la rosette; de sorte que la touche porte toujours sur cette rosette, puisqu'elle est tirée par le ressort du petit barillet, & que les montans sont mobiles. A cette même piece N est encore fixé une espece de broche plate, qui traverse tout le mouvement & dont on voit l'extrémité dans la Figure II. marquée par les lettres VXY : c'est à cet endroit que l'on ajuste le crayon *abcd*, qui trace la figure dans le cercle IL & qui représente l'outil; ce crayon peut se placer dans differens points de droite à gauche, & de haut en bas, ce qui se fait par le moyen des rainures faites dans le milieu des bras ausquels ce crayon est assujéti, & que l'on entretient ferme quand on l'a placé par la vis *e*.

Fig. II. *fg* est un crochet sous lequel est le ressort *r*, qui pousse toujours le crochet en avant; & comme ce crochet est mobile à peu près dans le tiers de sa longueur, son autre bout traverse la platine & arrête une roue qui tient à l'arbre du pignon pour le fixer quand il a fait une révolution entiere, ce qui empêche que le crayon ne passe deux fois sur le même trait. Lorsque l'on voudra faire agir la Machine, on observera de dégager ce crochet en pesant sur le bout *g*, après qu'on aura détourné la détente qui est à

la platine opposée. Le cercle IL est mobile sur le second cercle *hk* fermement attaché sur la platine; ce dernier est di- 1729.
visé en seize. Une alhidade *m* fixée au cercle mobile marque N°. 333.
dessus le point de départ du cercle, ce qui donne le moyen 374.
de repeter le même dessein en différentes positions en fai- 335.
sant parcourir à cette alhidade les divisions que l'on juge à propos.

Enfin la Machine étant mise en mouvement, il arrive que le tambour IL en circulant, & le crayon suivant toujours les inégalités de la rosette, puisque la touche est continuellement tirée par le ressort, il en résultera des figures qui avec la même rosette seront différentes entre elles, & déterminées par la maniere dont on aura placé le crayon. Voici quelques cas différens pour faire plusieurs figures avec la rosette quarrée.

La tringle ou broche VXY agissant parallelement à elle-même, ses deux extrémités doivent faire le même chemin, par conséquent l'une des deux ne quittant jamais le contour de la rosette, si l'on met à l'autre bout un crayon, il se tracera une figure semblable à la rosette, c'est-à-dire, un quarré.

Si l'on éleve le crayon en l'éloignant du centre en droite ligne, ensorte qu'il en soit plus loin que dans la position précédente; mais du même côté, il tracera une figure plus grande que la rosette dont les quatre côtés seront bombés dans leur milieu, la convexité en dehors de la figure.

La troisiéme position est le contraire de la précédente, c'est-à-dire, que si l'on approche le crayon du centre, de telle sorte qu'en descendant à son plus bas, il ne puisse qu'approcher du centre sans y atteindre; la figure tracée sera quadrangulaire, ses côtés seront des lignes concaves dans leur milieu, & s'approcheront du centre.

Quatriéme position; si le crayon est au-delà du centre toujours dans la même ligne, & à telle distance du centre, qu'en montant à son plus haut il ne puisse qu'en ap-

1729. N°. 333. 334. 335.

procher ſans pouvoir y atteindre. Il tracera encore une figure quadrangulaire, mais dont les angles ſeront rentrans & dont les côtés ſeront quatre arcs convexes qui s'éloigneront du centre dans leur milieu; la convexité ſera d'autant plus grande que le crayon aura été placé plus près du centre, mais toujours au-delà.

Outre ces quatre poſitions il y en a pluſieurs autres que M. de la Condamine a fort ingenieuſement raſſemblées, ce qui donne des figures très-particulieres; enfin il a trouvé le moyen de faire avec cette ſeule roſette quarrée une infinité de figures par la ſeule maniere de placer le crayon, ce qui n'a pas été pratiqué juſqu'ici par les Tourneurs, qui ſont obligés d'avoir des roſettes ſemblables ou très-approchantes de la figure qu'ils veulent tracer.

La ſeconde Planche contient le développement de cette Machine.

PLANCHE II.

ABC eſt le porte-crayon avec ſes couliſſes, & que l'on fait entrer par l'extrémité C.

CDE tringle ou broche plate, qui d'un côté tient la touche F qui lui eſt attachée par des vis, & de l'autre le crayon. Elle porte auſſi un quarré.

GH eſt le cercle diviſé & fixé ſur la platine; c'eſt ſur ce cercle que tourne le tambour IL, dans lequel ſont les papiers ou cartons ſur leſquels la figure ſe trace.

M eſt l'alhidade qui marque ſur les diviſions du cercle mobile.

OP cercle de cuivre coupé dans ſon milieu par deux rainures diſpoſées à angle droit, & ſur lequel eſt une petite piece QR mobile au point R, & que l'on ajuſte le long des côtés des rainures, ſoit pour tirer des perpendiculaires ou des horiſontales ſur le papier ſur lequel l'on veut tracer une figure. Ce cercle ſe place pour cet effet à la place du porte-crayon AB, &c.

STV eſt une piece que l'on adapte ſur le quarré O de la premiere Figure de la premiere Planche; on fait entrer

ce quarré dans l'ouverture X, dans laquelle on l'arrête par
le moyen de la vis Y dans différens cas. Pour cet effet on 1729.
ôte la petite touche N ou F; & si l'on veut ensuite voir No. 333.
les effets de la touche plate, on détache seulement le cô- 334.
té TS, qui porte à plat sur les côtés de la rosette; & si l'on 335.
veut avoir une touche *inclinée*, on met toute la piece STV,
que l'on incline *plus ou moins*.

MACHINE

Machine pour Executer sur le Tour touttes sortes de Contours reguliers et Irreguliers.

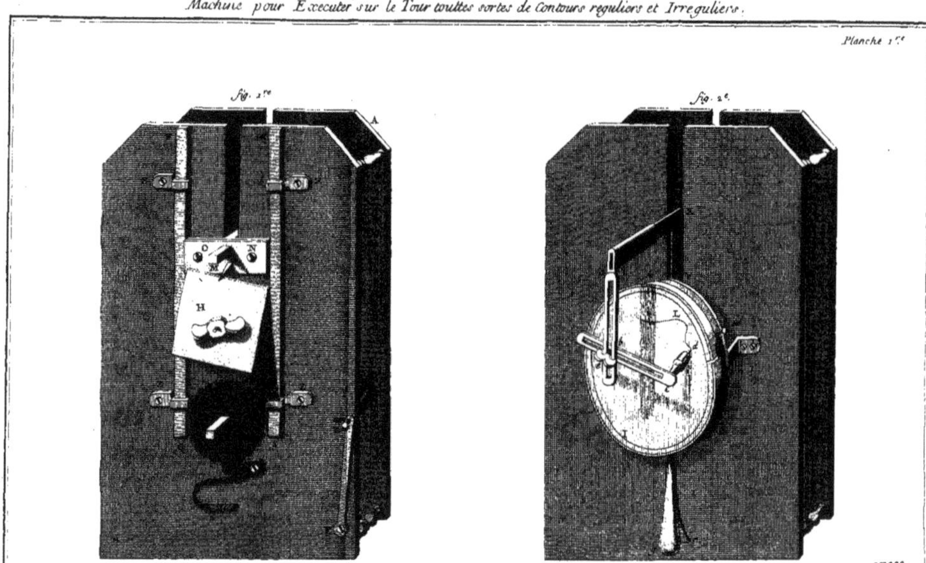

Dheulland sculp.

Developement du Tour.

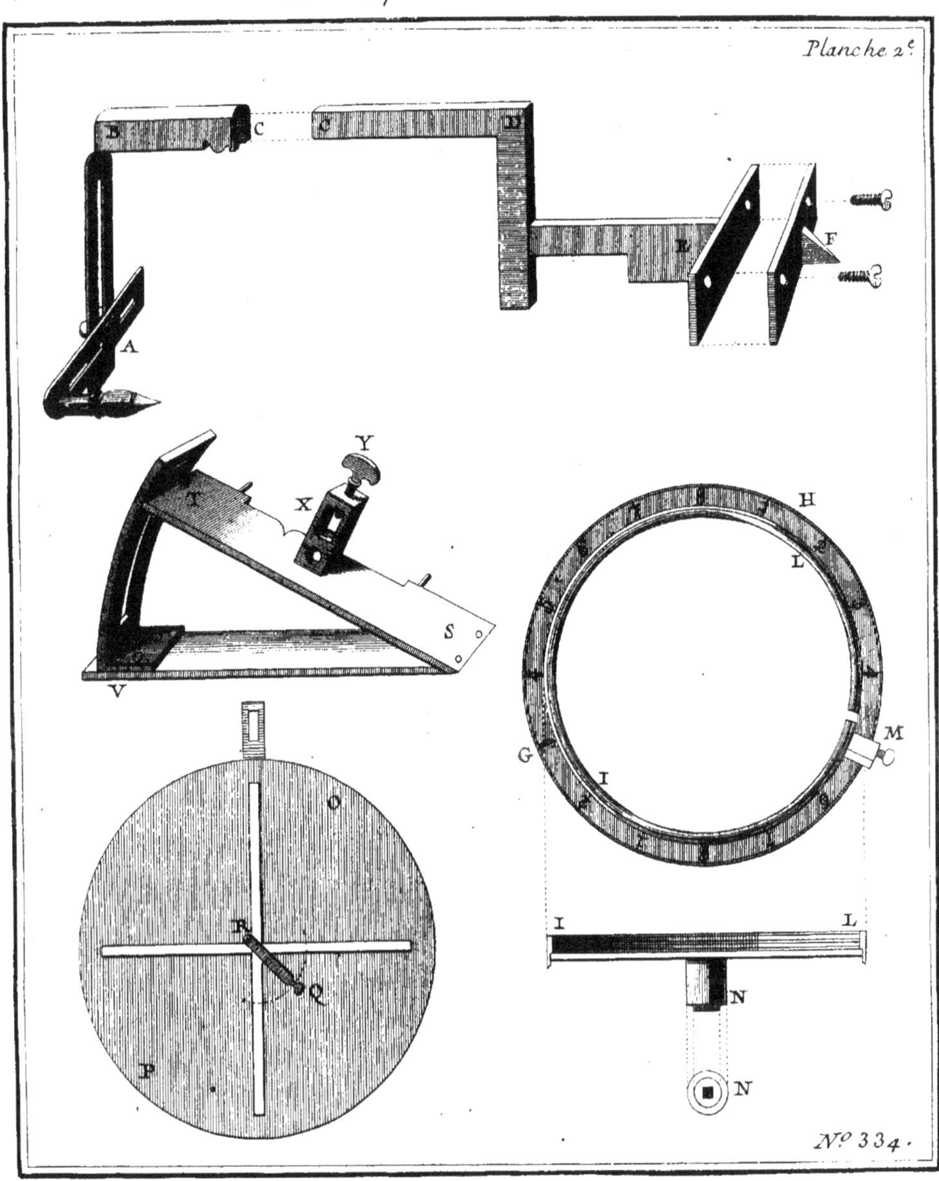

Dheulland sculp.

MACHINE POUR TAILLER TOUTES SORTES DE ROSETTES,

PROPOSÉE PAR M. DE LA CONDAMINE, DE L'ACADEMIE ROYALE DES SCIENCES.

COMME il eſt très-incommode de couper en léton un modéle de roſettes propres à tracer une figure difficile; par exemple, une tête: voici une Machine que M. de la Condamine propoſe. 1729. N°. 335.

ABCD eſt une regle percée d'une rainure dans ſa longueur; la partie AB eſt percée de pluſieurs trous en écrous afin d'approcher ou d'éloigner plus ou moins la pointe B dont la tête eſt faite en vis; cette regle eſt embraſſée par les tenons EG d'une ſeconde regle, ſous laquelle la premiere peut gliſſer au moyen d'un petit barillet L, dont le reſſort tire toujours à lui la regle de deſſous AB qui lui eſt attachée, avec un fil. Cette même regle porte une ſeconde pointe N, qui par conſéquent tend toujours à s'approcher du centre; P eſt encore une pointe commune aux deux regles, mais que l'on peut fixer ſur la regle de deſſus EG

au point où l'on veut avec l'écrou Z. On se sert de cette
1729. Machine en cette sorte.
N°. 335. Soit la tête T pour laquelle on cherche la rosette la plus propre à tracer son contour. Après avoir découpé cette tête en carte on la cole sur une autre carte RS, ensuite on prend à volonté un point T pour centre au-dedans du contour de la tête, on perce les deux cartes en ce point, & on enfonce dans le plan qui porte la pointe P, après quoi l'on appuye la pointe N sur le contour de la tête; on tourne à la main toute la Machine en faisant toujours porter la pointe N sur la tête découpée, la premiere pointe B tracera sur la carte le trait VX qui donnera la rosette Y de la tête T; & changeant de centre ou bien en éloignant les deux pointes BN, on fera différens contours, & l'on choisira le plus coulant & le plus pratiquable sur le Tour.

Machine pour Tailler toutes sortes de Rosettes:

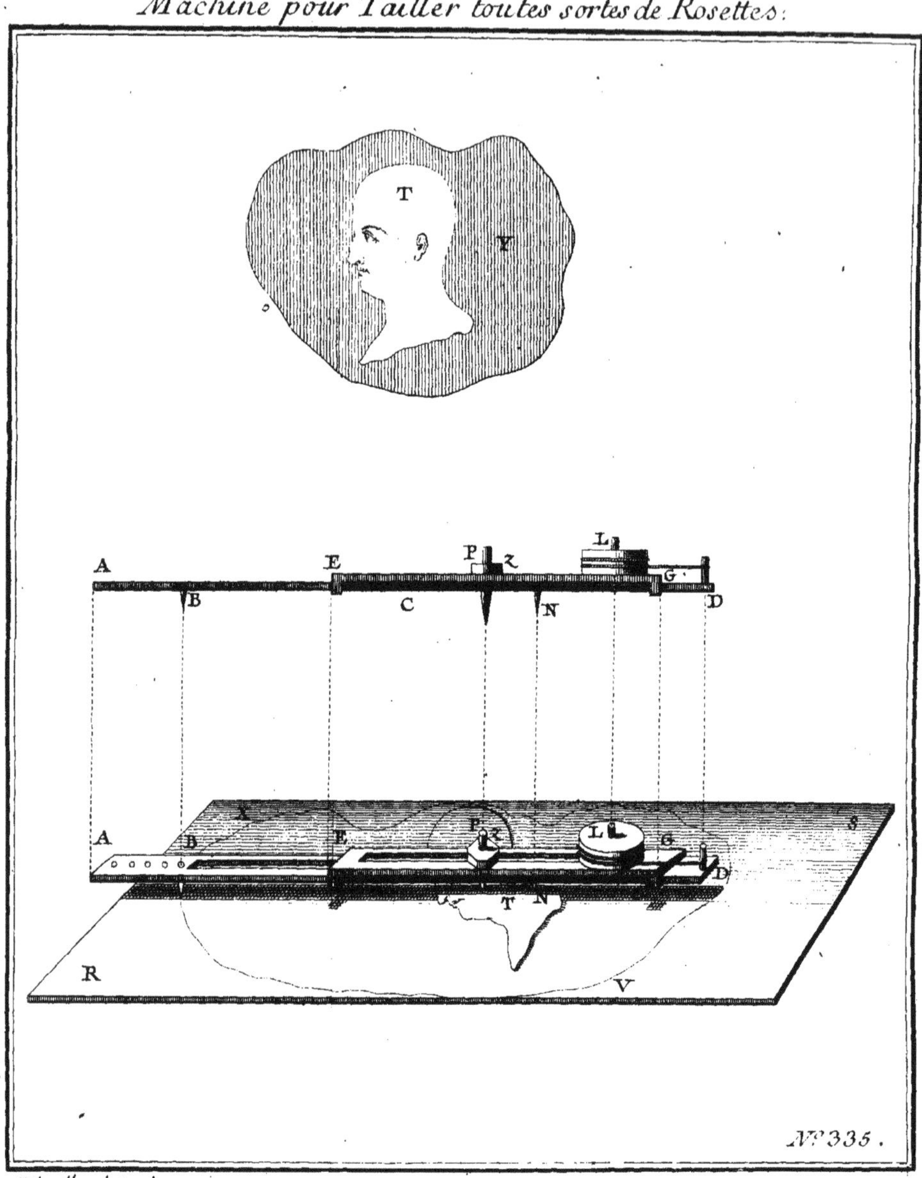

Dheulland Sculp.

TOUR

POUR FAIRE SANS ARBRE

TOUTES SORTES DE VIS,

PROPOSÉ

PAR M. GRANDJEAN,

DE L'ACADEMIE ROYALE DES SCIENCES.

CE Tour est composé comme les Tours ordinaires d'un établie AB & de deux poupées PQ ; ces poupées ont au-lieu de pointes deux colets ST, pour recevoir l'arbre FH terminé en pointe par ses deux extrémités, & qui porte la piece R que l'on veut tourner, & la poulie G qui reçoit la corde GO attachée à la marche O. La poupée Q porte un support de fer I, auquel est attaché en I une équerre de fer HIK, dont une extrémité K est chargée d'un poids L considérable, & l'autre extrémité H s'appuye sur la pointe H de l'arbre qu'elle tend par conséquent à pousser de H vers F. La pointe F est appuyée sur une piece E mobile sur un axe DM, à l'extrémité D duquel est montée sur un quarré la piece DC, dans la rainure de laquelle coule une boîte N, à laquelle est attachée la corde NO qui va se rendre à la marche O.

1729. N°. 336.

1729. N°. 336. Cela ſuppoſé, il eſt évident qu'en appuyant le pied ſur la marche, on fera non-ſeulement tourner l'arbre FH, mais encore baiſſer la piece DC, ce qui ne ſe peut faire que l'arbre n'avance de F vers H d'une quantité qui ſera toujours réciproquement proportionnelle aux diſtances DN de la boîte N au centre D de mouvement; & comme la piece N eſt mobile on pourra la placer par-tout où on le jugera à propos; d'où il ſuit que pendant une révolution, l'axe avance de telle quantité qu'on voudra, & que par conſéquent préſentant l'outil en R on taillera quel pas de vis l'on voudra; ce qui étoit propoſé.

Si l'on vouloit tourner une helice dont les pas allaſſent toujours en ſe reſſerrant, on le pourroit aiſément par le moyen de cette Machine. Pour cela, il ne faudroit qu'ôter la piece DC, & lui en ſubſtituer une DNC (Fig. II.) dont la circonférence NVC dans la rainure de laquelle paſſe la corde attachée en N, ſoit une courbe dont les rayons DN, DV, DC, vont en augmentant de la même maniere que l'on veut que les pas de l'helice diminuent; pour lors chaque point C, V, N de la courbe fera ſucceſſivement l'office d'une différente longueur de DN (Fig. I.) ce qui ne ſe peut que l'arbre ne recule inégalement vers H, & que par conſéquent les pas de l'helice ne ſoient inégalement ſerrés dans la proportion des rayons DC, DV, DN; ce qui étoit propoſé.

Tour pour faire toutes sortes de Vis.

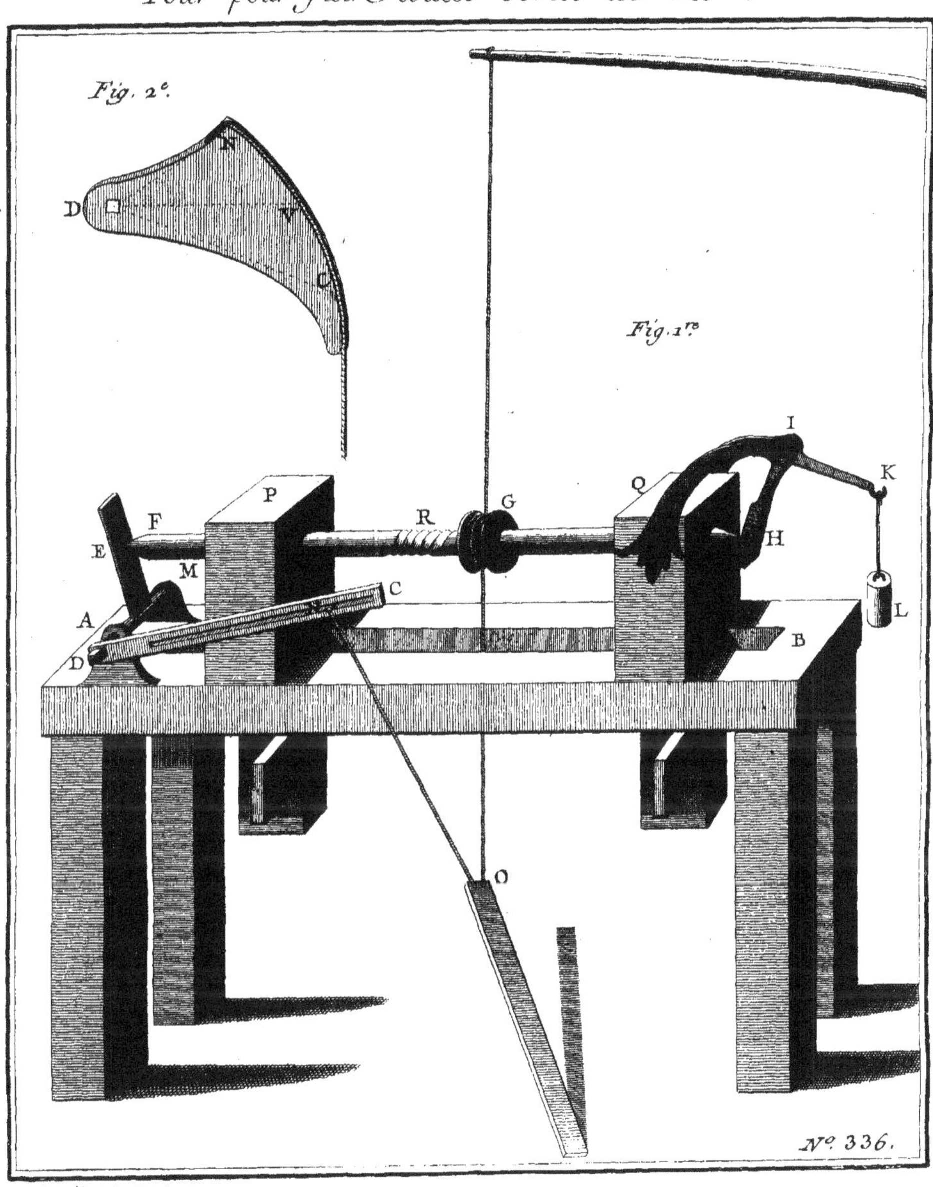

Dheulland Sculp.

SOUFFLET DE FORGE,

INVENTÉ

PAR M. TERAL.

AB est une boîte de figure cubique couverte d'un chapiteau, & à laquelle est adaptée une piramide C creusée & tronquée, à l'extrémité de laquelle est le canon D : la capacité de la pyramide n'est point séparée de celle de la boîte; cette boîte contient un arbre à vannes GF, posé horisontalement dans des colets pratiqués aux côtés de la boîte. Un des bouts de l'arbre de la vanne qui peut tourner librement, sort d'un des côtés de la boîte pour recevoir une poulie F qui lui est fixement attachée; sur cette poulie passe une corde qui vient de dessus la circonférence d'une grande roue HI, posée à quelque distance du Soufflet, & que l'on fait mouvoir par le moyen de la manivelle M : cette roue ne différe en rien de celle d'un Coutelier, de maniere qu'en la faisant mouvoir sur elle-même, elle fera tourner la roue F avec une vîtesse qui sera en raison du diametre de la poulie F au diamerre de la grande roue HI; ainsi plus le diametre de la grande roue sera grand, & le diametre de la roue F petit, plus l'air extérieur (qui entre par les ouvertures faites au chapiteau,) sera chassé par la vanne & comprimé dans la pyramide C, ce qui produira un vent continu & d'autant plus violent, que l'on employera d'action sur la manivelle M.

1729. N°. 337.

Ce Soufflet ne différe de celui du premier qu'en ce qu'il

1729. n'a aucun engrénage, & que par conséquent il n'eſt pas
N°. 337. ſujet à faire un bruit qui rend l'autre fort incommode. D'ailleurs celui-ci eſt plus ſimple & coutera moins à conſtruire. Cette maniere de produire du vent continuel par des forces centrifuges a déja été, comme nous l'avons dit ailleurs, employé par *Agricola De Re Metallicâ, lib. 6. p.* 62. & par d'autres qui ont eu en vue de produire les mêmes effets.

Souflet de Forge.

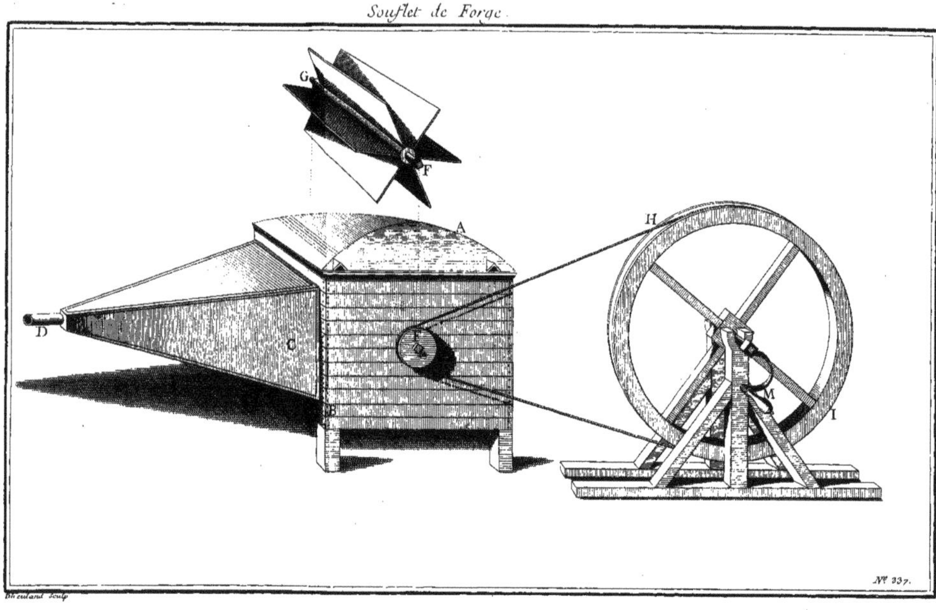

MACHINE
POUR
REMONTER LES BATEAUX,
INVENTÉE
PAR M. DU QUET.

LEs deux Bateaux AB ſont joints enſemble par deux traverſes AC, BD, qui les uniſſent de maniere qu'ils 1729.
ne peuvent s'écarter ainſi qu'à la premiere Machine N°. 338.
dont on a donné la deſcription ci-deſſus ; cependant avec cette différence, que l'intervale que ceux-ci laiſſent entre eux eſt moins grand. Au fond extérieur de chaque Bateau EF, ou GH, eſt poſé de chan & diagonalement une forte planche, & les deux fonds des deux Bateaux forment enſemble un canal plus étroit par un bout que par l'autre, dont la plus grande ouverture ſe préſente au courant. L'Auteur a prétendu qu'en retreciſſant ainſi le courant il acquerroit une nouvelle force ; ce qui a donné lieu à M. Pitot de l'Académie Royale des Sciences d'écrire à ce ſujet : ſon Memoire eſt imprimé dans l'Hiſtoire de la même année 1729.

1729. No. 338. La vanne de cette Machine est d'une construction singuliere, elle se trouve comprise dans la distance des deux Bateaux; les extrémités de son arbre LM (Figure II.) sont enfermées dans des trous pratiqués au milieu des traverses AC, DB, comme on le voit en M. Plusieurs aubes ensemble fichées dans la longueur de cet arbre forment une courbe en spirale NOP, qui sert de vanne. L'on voit que le côté NR qui se présente au courant oblige nécessairement l'arbre de tourner; ainsi l'effort de l'eau suit toujours la figure de la vanne. A l'extrémité L de l'arbre est fixée une roue S, sur laquelle passe le cable destiné au tirage; un des bouts de ce cordage passe sur la poulie verticale T, qui le dirige vers le Bâteau V que l'on veut remonter, & auquel il est attaché : l'autre extrémité du cordage qui vient par dessus la roue, passe encore sur la poulie horisontale X, & va se fixer au second moteur Y, dont l'usage a déja été expliqué dans la premiere Machine; celle-ci est pareillement fixée à un pieu Z, qui a été chassé à refus de mouton dans le fond de la riviere. Il faudra observer que la roue S, soit taillée en couteau dans son épaisseur comme elle est représentée en W, afin que le cordage ne glisse pas dessus.

Si l'on a entendu comment la vanne peut tourner en présentant l'obliquité de son côté au courant, le reste de la Mécanique s'entendra sans peine.

MACHINE

Machine pour remonter des Batteaux.

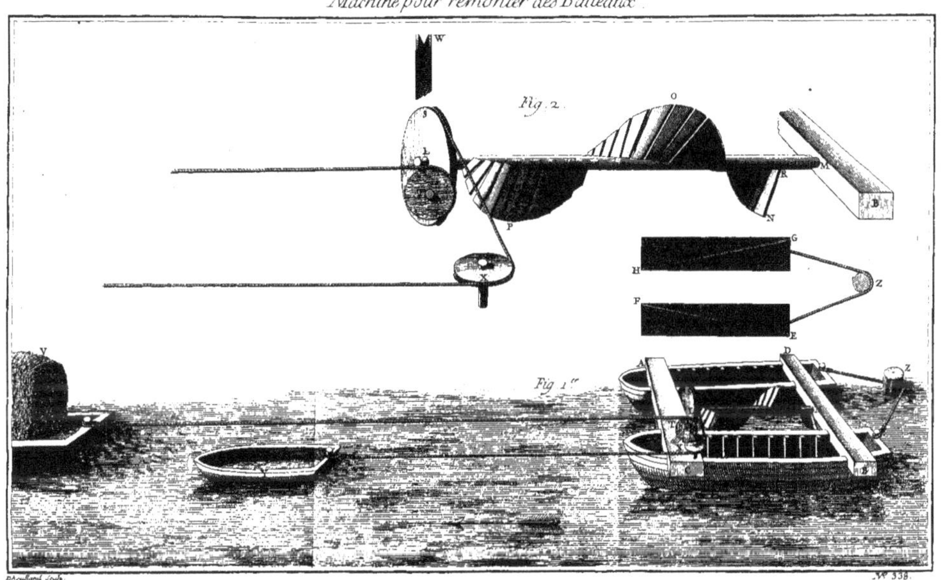

MACHINE
POUR
PRENDRE HAUTEUR EN MER,
PROPOSÉE
PAR M. ***

AB est un cercle de léton divisé en dégrés sur l'épaisseur de ses deux bords. Ce cercle est suspendu en C par une boule enfermée entre deux calotes qui forment une chape fixée en D. Cette boule peut se mouvoir dans son emboîture, & peut s'y fixer quand on le veut au moyen d'une vis. Cette suspension est, à bien dire, un genou semblable à ceux qui sont pratiqués à tous les autres instrumens de Mathematique. A la partie inférieure du cercle est un pendule S avec son poids qui répond diamétralement à la suspension C; ce poids entre dans un bassin F que l'on remplit de mercure. Ce bassin tient à la tige GQ, & au montant H où il est suspendu en maniere de boussole, de sorte que de quelque façon que l'on incline l'instrument, le bassin tend toujours à se mettre dans la situation horisontale, pourvû que l'inclinaison ne soit pas considérable, parce que le bassin n'a qu'un certain jeu. Deux alidades LI, NO, sont posées sur les bords du

1729. N°. 339.

1729. N°. 339. cercle ; l'alhidade LI, eſt un peu plus baſſe que ſon oppoſé NO. La premiere eſt attachée au point L, autour duquel elle peut tourner ſur les dégrés BIA ; l'autre alhidade eſt attachée en O, & la partie N ſe promene comme la premiere ſur le bord de l'inſtrument.

La bouſſole P eſt pour orienter l'inſtrument au moyen des deux pinules ZZ ; le plateau R eſt ce qui porte la Machine : ce plateau eſt fixé par des *vis* ſur une ſeconde planche épaiſſe aſſujétie ſur le pont du vaiſſeau.

Le vaſe F étant rempli de mercure on tourne l'inſtrument du côté de l'Aſtre que l'on veut obſerver, on monte & l'on deſcend l'une des alhidades LI, l'on regarde au travers des pinules dont elle eſt garnie, juſqu'à ce que l'on ait mis cet Aſtre dans les pinnules; on arrête l'alhidade à ce point qui marque ſur le cercle le dégré de hauteur : on ſe ſert pareillement de l'autre pinnule NO. Le vif-argent dans lequel trempe le poids, eſt pour empêcher les vibrations ſubites, & par conſéquent pour retenir l'inſtrument toujours à plomb; de maniere qu'il ne devroit avoir qu'un mouvement très-doux & très-lent : mais comme un vaiſſeau à la mer eſt ſujet à de très-grands roulis, il ſeroit à craindre que le mercure ne pût ſe conſerver dans le vaſe & ne fût ſujet à ſe renverſer, à moins qu'on ne trouve un moyen de l'enfermer ſans contraindre le mouvement du pendule.

Machine pour prendre hauteur en mer.

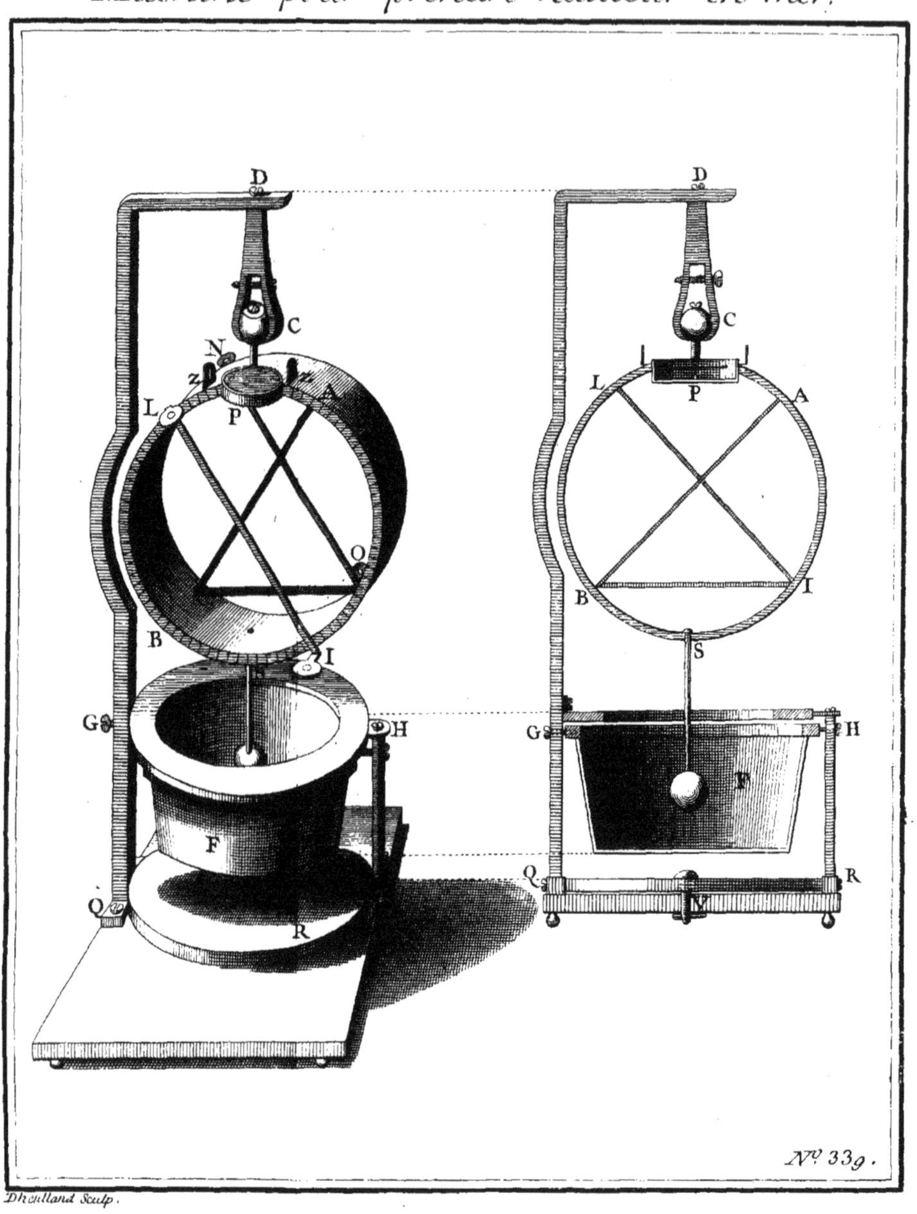

Dheulland Sculp.

RECUEIL
DES MACHINES
APPROUVÉES
PAR L'ACADEMIE ROYALE DES SCIENCES.

ANNÉE 1730.

MARTINET DE FORGE,

INVENTÉ

PAR M. COMPAGNOT.

AB, CD, sont deux chassis verticaux & paralleles entre eux, au centre desquels est fixée une barre de fer EF qui leur sert d'axe : au milieu de cet axe est une manivelle GH ; cet assemblage est élevé sur deux montans IL solidement arcboutés. L'arbre de ces chassis est pris par des coliers faits dans l'épaisseur des montans, & dans lesquels l'arbre peut librement tourner. Un second chassis MN, dont la position est inclinée à l'horison, sert à cet usage ; chaque long côté, comme MO, est attaché par son extrémité M au chassis par un clou autour duquel il peut se mouvoir ; l'autre extrémité O est suspendue par une verge OP, engagée dans un piton fixé au plancher : il en est de même de l'autre côté NR, de maniere que la puissance appliquée au milieu de la traverse NO peut en poussant & tirant ce chassis, faire tourner les deux chassis verticaux, qui font les fonctions de roue de volée, ensemble la manivelle GH, qui est au milieu de leur axe, & qui y est fixée. Devant cette manivelle GH on établit un marteau STV porté par un fort billot, sur lequel est le centre de mouvement T ; le bout S porte une forte masse qui répond à une enclume posée dessous. L'autre extrémité V se présente devant la manivelle, qui dans sa révolution éleve le

1730. N°. 340. FIG. I. & II. FIG. III.

1730. marteau de la quantité S, s & le laisse ensuite échapper, & la masse frappe avec toute la pésanteur dont elle est capable.

No. 340.

On assûre que si on employe deux hommes à cette Machine, ils pourront mouvoir par son moyen un marteau de 1000, ou 1500. & donner deux cens coups par heure.

Cette Machine n'est point nouvelle, le principe est le même, & la construction peu différente d'une Machine pour le même usage, qui se trouve dans *le Theatre des Instrumens Mathematiques & Mecaniques de Jacques Bessons, Mathematicien Dauphinois, imprimé à Lyon en 1569. p. 12.* in fol.

Machine pour faire mouvoir un gros marteau de Forge.

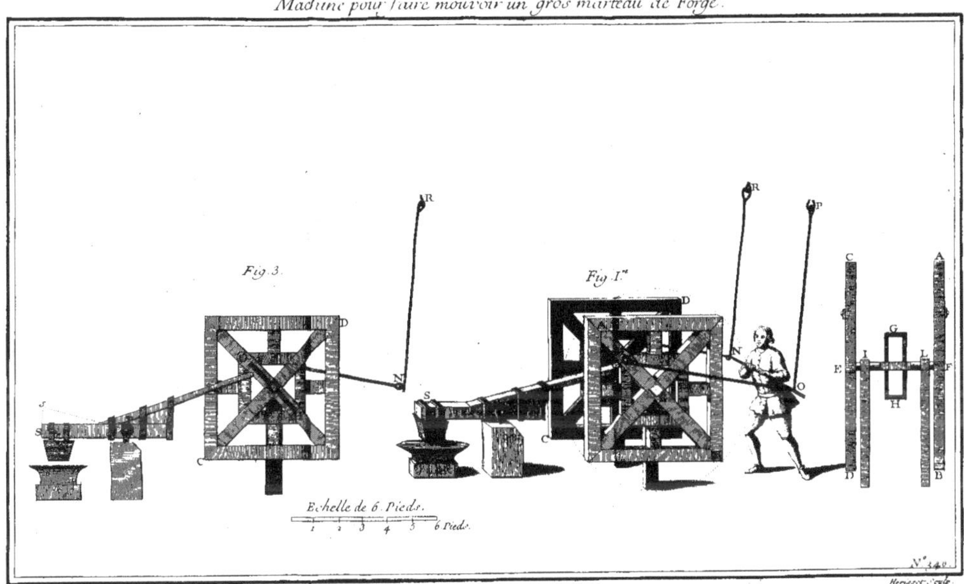

PREMIERE MACHINE ARITHMETIQUE,

INVENTÉE

PAR M. DE HILLERIN DE BOISTISSANDEAU.

COMME on a déja décrit la Machine Arithmetique de M. de l'Epine, & que celle-ci lui ressemble assez, quant à l'extérieur, on a cru qu'il suffiroit de graver seulement dans une Planche la moitié de l'intérieur & de l'extérieur. Imaginez donc la partie supérieure EAB, (qui est l'interieur) repliée dessous l'autre partie BAH, qui est la moitié de la platine, sous laquelle sont contenus les mouvemens; cependant on a ajouté à gauche de la Planche deux *onglets*; l'onglet de dessus fait voir la continuité de l'extérieur pour marquer seulement la largeur de la Machine si elle étoit totale, & l'onglet de dessous est la continuité de l'intérieur, qui donne aussi cette même largeur. Sa longueur est exprimée par l'étendue de la Planche.

1730. N°. 341. PLANCHE I.

L'extérieure est donc formée par plusieurs chaperons mobiles HH, & posés sur la même ligne à distance égale l'un de l'autre. Ces chaperons sont divisés par deux lignes circulaires de chiffres qui vont en progression Arithmetique; l'une de ces lignes va d'un côté en augmentant, & l'autre ligne qui est la plus éloignée du centre, va du même côté en diminuant. Si vous les considérez de la

droite à la gauche, leurs divisions sont différentes, par
1730. exemple, le premier chaperon de la droite est divisé en
N°. 341. douze, parce que c'est celui des deniers ; le second chaperon est divisé en vingt, parce que c'est celui des sols; & le troisiéme enfin (tirant toujours sur la même ligne vers la gauche) est divisé en dix, & ainsi des autres. Ce chaperon est percé sur ses bords d'autant de petits trous ronds qu'il a de chiffres; c'est dans ces trous que l'on fait entrer une des pointes de l'outil *ab* Dd, gravé à l'onglet inférieur. Cet outil peut être appellé conducteur, parce qu'effectivement c'est lui qui conduit & fait marcher les chaperons. Le conducteur a donc deux pointes, la premiere *a* est plus courte que la seconde *b*; cette derniere ne sert que pour attraper une piéce enfoncée au-dessous du chaperon qui sert à la division, & dont on parlera dans la suite. L'autre est pour opérer indifféremment.

Autour des chaperons sur la platine-même, est gravée une troisiéme rangée de chiffres, dont la progression est égale à celle des chaperons; c'est-à-dire, que si le chaperon est divisé en vingt ou en dix, cette rangée sera aussi divisée en vingt ou en dix.

Au bas de ces divisions sont des ouvertures YY, qui paroissent ici quarrées; ce sont pourtant des parallelogrames dont les longs côtés sont doubles de celui du quarré, & qui vont jusqu'au bord du chaperon. Cependant il n'y a jamais que la moitié de cette ouverture d'ouverte, qui pour lors forme un quarré; c'est tantôt celui d'en-haut, & tantôt celui d'en-bas, suivant la nature de l'opération qu'on veut faire : c'est par ces ouvertures que paroissent des chiffres circulairement gravés sur de grands chaperons intérieurs, & dont on en voit un marqué *q* sur l'onglet supérieur; ce grand chaperon est la dépoüille de son petit chaperon, qui a le même nombre de chiffres que lui. L'on décrira aussi la coulisse qui sert à boucher & déboucher les ouvertures Y, dont on vient de parler. Tous ces chaperons sont font distingués par les noms de *deniers*, *de sols*, *d'unités*, *dixaines*, *&c.* suivant la quantité qu'il s'en trouve.

A la partie supérieure des chaperons, sont de petites piéces KK, fixement attachées sur la platine ; leurs plus longues pointes avancent par-dessus les chaperons H, & servent à arrêter le conducteur quand il les fait tourner; la pointe opposée avance aussi sur un petit chaperon, qui se trouve dans la perpendiculaire prolongée qui passe par le point K, le centre H, & l'ouverture Y : or ces petits chaperons sont entourés chacun d'une seconde ligne de chiffres gravés aussi sur la platine, & sont de même nombre que leurs petits chaperons, lesquels sont encore divisés en même nombre que les grands chaperons correspondans. Ces petits chaperons ne servent qu'aux divisions pour marquer le quotient, qui paroît par une ouverture quarrée pratiquée à la partie supérieure de la platine, & dans la même ligne que la piece K.

Les cercles W, W, &c. qui se trouvent entre les roues de quotient dont on vient de parler, sont encore gravés sur la platine. Le premier cercle qui se trouve entre les roues de quotient des deniers & des sols, est divisé en 21 ; tous les autres de cette espéce sont divisés en 11. L'alhidade qui est mobile au centre, porte une rose qui se trouve répondre à la onziéme division du chaperon intérieur que cette alhidade fait mouvoir, & dont les chiffres paroissent par les ouvertures quarrées qui sont toutes bouchées par les alhidades, excepté la deuxiéme roue W, dont l'alhidade est posée sur le chiffre 2; aussi ce même chiffre se trouve-t'il représenté dans l'ouverture quarrée qui appartient à ce cercle. Les chaperons de ces roues sont tout-à-fait indépendans du mouvement de la Machine, & ne servent qu'à écrire les sommes sur lesquelles on veut opérer, en mettant l'alhidade sur le chiffre extérieur que l'on veut écrire, qui aussi-tôt paroît dans l'ouverture quarrée des cercles.

1728. N°. 341. La Machine étant de la largeur qu'elle doit être, c'est-à-dire, l'onglet supérieur étant supposé prolongé d'un bout à l'autre de la Planche, il y auroit premiérement la rangée de roues AA, avec leurs chaperons H; ensuite la premiere rangée de petites roues qui se trouve au-dessus de celle-ci. (*Voyez le grand onglet.*) Une autre rangée de grandes roues CC, semblables aux premieres HH; au-dessus des roues CC seroit encore une seconde rangée DD de petites roues, parmi lesquelles celles qui répondroient aux grandes seroient celles du quotient, & les autres qui tourneroient entre celles-ci, serviroient à écrire, comme il a été dit pour la premiere petite rangée; enfin au-dessus de tout cela, seroient deux autres rangées W W de petites roues qui ne serviroient qu'à écrire. Les boutons qui paroissent aux extrémités de la Planche auprès de la premiere rangée de petites roues, marquées par les lettres B B, sont pour ouvrir & fermer les ouvertures YY des grands chaperons.

Venons à présent à l'intérieur de la Machine.

Ce que l'on a appellé jusqu'ici grands chaperons H sera nommé dans la suite mouvement de la Machine, parce que toutes les pieces intérieures qui lui correspondent, sont attachées & sont entraînées avec lui n'ayant que le même pivot. Chaque mouvement est donc composé du chaperon H de la piece FG ponctuée, parce que ces deux pieces sont cachées par le chaperon *q*, les mouvemens étant représentés en-dessous; ce chaperon est suivi de la roue *m* ou de la roue *n*, qui n'a qu'une dent; enfin d'une roue à rochet *o*, aussi de même nombre que la roue dentée *m*, à laquelle elle est adaptée: tous ces mouvemens sont retenus par ces rochets au moyen des cliquets *rr*, poussés par des ressorts. Il y a de plus entre le chaperon H, qui paroît à l'extérieur, & le grand chaperon intérieur *q*, une petite piéce ronde E, autour de laquelle tourne un anneau F, qui porte un bras ou lévier G. Cette piéce se trouvant cachée par le renversement de la Machine, se voit marquée des mêmes lettres dans l'onglet supérieur, dans lequel est aussi un profil de tout un mouvement *marqué par les lettres HG nm*, &c. qui sont celles qui servent à cotter les mêmes piéces dans l'intérieur. Les parties de ce profil qui se trouvent représentées dans ce même onglet, sont marquées de l'une à l'autre figure par des lignes ponctuées : l'on voit donc que considérant la Machine dans son état naturel, la piece la plus élevée est le chaperon H, & que la derniere est le rochet *o* : entre ces mouvemens, sont des pignons *hh*, &c. qui servent à faire circuler les mouvemens au moyen de la roue qui n'a que la seule dent *n*; le second pignon *h*, en prenant de droit à gauche, en porte un autre *e*, que la dent *n* de la roue de dessous fait mouvoir. Il est bon d'observer que l'on place alternativement sous les grands chaperons ou la roue dentée *m*, ou la roue qui n'a que la dent *n*. Ainsi si la roue dentée est dessous le premier chaperon, l'on placera sous le second la roue à une dent, sous le troisiéme la roue dentée; ensorte que le premier & le troisiéme mouvement seront semblables, de même du second & du quatriéme, ainsi de suite. Cet arrangement est absolument nécessaire, puisqu'un mouvement ne doit faire mouvoir celui qui le suit, que lorsque la roue qui n'a qu'une dent ayant fait son tour, vient rencontrer le pignon *h*, qui engréne dans la roue *m* du mouvement suivant : or pour que la roue qui n'a qu'une dent rencontre le pignon *h*, il faut qu'il ne soit pas plus élevé qu'elle; & pour qu'il engréne dans la roue dentée *m* du mouvement suivant, il faut aussi qu'elle ne soit pas plus élevée que le pignon ; d'où il suit enfin que tous ces mouvemens font leurs revolutions en raison décuple, excepté ceux des deniers & des sols, c'est-à-dire, qu'il faut dix tours du mouvement des unités pour en faire faire un à la roue des dixaines, dix tours de celle-ci pour un du mouvement suivant, & ainsi des autres. Il est évident que la roue des deniers ne fera

avancer la seconde d'une division, que lorsqu'elle aura fait
1730. une révolution entiere, de même de la seconde qui est la
No. 341. roue des sols pour faire avancer la roue des unités. On a été obligé de faire un petit pignon *e* posé sous le grand, & de même nombre que lui, dont les dents sont proportionnées à celles de la roue des sols; par ce moyen la derniere division de la roue des sols fait avancer aussi d'une division celle des unités, qui n'en parcoureroit qu'une demie sans cette précaution.

Voici la Mecanique employée pour que les mouvemens de la rangée d'en-bas fassent agir les mouvemens de la rangée d'en-haut. Il faut plier l'onglet de dessus, & n'avoir attention qu'à l'onglet inférieur, la Machine étant toujours supposée renversée.

TPQR est une piéce de cuivre mobile au point P, dont le bout T étant rencontré par la dent *n* de la roue de ce dernier mouvement, cette piéce est obligée d'obéïr; pour lors le bout R pousse le levier VX mobile sur le pivot du premier mouvement CC; à ce levier est attaché un cliquet N, mobile sur le point X & poussé par le ressort I dans une dent du rochet O; ensorte que quand le levier V est poussé de bas en haut par la piéce R, le rochet O est obligé de tourner, & par conséquent tous les mouvemens ausquels il est adapté; & quand la dent *n* laisse échapper la même piéce TPR, le ressort *z* repousse le levier XV, qui remet le tout dans son premier état. L est un support dans lequel se meut l'autre grande piéce TPR.

La Mecanique des roues de quotient consiste en ce qui suit.

Les rochets XX, &c. sont des rochets dont les dents sont en même nombre que les chaperons sur lesquels ils sont posés, & dont les chiffres paroissent à l'extérieur dans les ouvertures quarrées, où l'on voit les chiffres 5,3,0,2,00; le rochet des deniers est donc divisé en 12, celui des sols en 20, & les autres en 10. Il y a sous chacun de ces rochets une piece *abdf*, qui n'est que ponctuée dans tous ces mouvemens, mais qui est en perspective dans l'onglet supérieur. Cette piece est mobile sur le *pivot du rochet. Sur cette même* piéce est attaché un cliquet *d*, qui tombe dans les dents du rochet S, étant poussé par le petit ressort *bz*. Il y a un autre cliquet *m* qui empêche ce rochet de retrograder.

La partie *f* de la piece *abdf* avance sur le grand chaperon des grandes roues, & est poussé par la piece G, qui est elle-même poussée par la longue pointe du conducteur; par conséquent la piece *f*, *d*, *b*, *a*, marchera avec le chaperon H, la piece G & le grand chaperon *q*, d'où il suit nécessairement que le cliquet *v* prendra une dent du rochet S, & qu'ensuite retirant le conducteur du chaperon H, ce rochet avancera d'une division, puisqu'il est poussé par le ressort *co*, fixé à la bande KB, sur laquelle tous ces rochets & ressorts sont attachés.

La bande de cuivre que les boutons BB font mouvoir, est posée entre la platine supérieure & le chaperon *q*; cette bande est taillée de maniere que des deux rangs de chiffres gravés sur ce même chaperon, elle n'en laisse jamais voir qu'un à la fois; on voit même une portion de cette lame sur l'onglet supérieur. On avertit que lorsque l'on veut additionner ou multiplier, il faut faire paroître les chiffres qui augmentent; & ceux qui diminuent pour soustraire ou diviser, toujours supposant que l'on tourne les chaperons H de droit à gauche : en ce cas, ce sont les parties inférieures des ouvertures qui doivent être découvertes pour l'addition & la multiplication, & les parties supérieures pour la soustraction & division.

On a oublié de dire que les étoiles RR, ne sont que pour retenir les roues à écrire W W, &c. au moyen d'un sautoir qui est poussé entre les pointes par un ressort.

1730.
N°. 341.

Usages de la Machine Arithmetique.

POUR L'ADDITION.

Après avoir fait paroître les chiffres d'en-bas, on mettra toutes les roues à zero, en faisant tourner les chaperons HH, &c. par le moyen du conducteur, & l'on commencera par les deniers.

EXEMPLE.

Soient les sommes de { 69.l. 7.s. 8.d. / 584. 15. 6. / 342. 12. 9.

L'on cherchera sur le cercle le plus extérieurement gravé sur la platine autour du chaperon des deniers le chiffre 8, l'on enfoncera le conducteur dans le trou du chaperon H qui répond à ce chiffre, & l'on tournera *de droite à gauche* sans se mettre en peine de rien, jusqu'à ce que la piece K vous arrête, ensuite vous verrez le chiffre 8 paroître dans l'ouverture quarrée de ce cercle. L'on viendra ensuite à la roue des sols, & on cherchera de même sur le cercle extérieur le chiffre 7, où on enfoncera encore le conducteur dans le trou du chaperon qui répond à ce même chiffre 7, & on fera tourner jusqu'à ce que la piece K arrête, après quoi le chiffre 7 se trouvera écrit dans l'ouverture de ce cercle; on en fera de même pour tous les chiffres *6*, *9*, &c. Quand cette somme aura été écrite de cette façon, on fera de même pour la seconde, c'est-à-dire que l'on reviendra à la roue des deniers, & l'on enfoncera le conducteur dans le trou du chaperon qui répondra à *6* sur le même cercle; & lorsque la piece K arrêtera le conducteur, on trouvera le produit de l'addition de 8 deniers avec *6*, qui font un sol & deux deniers, & que ce sol aura passé à la roue des sols, qui au lieu de marquer 7, marquera 8, & les deux deniers resteront à la roue des deniers : on fera de même pour les 15 sols; & comme l'addition des 8 sols, dont la roue est chargée, avec les 15 que l'on écrit, font une livre 3 sols, les 3 sols seront marqués dans l'ouverture quarrée de la roue des sols, & la livre passera à la roue des unités, & ainsi de suite en operant toujours de la même maniere : après avoir passé toutes les sommes de cette sorte l'une après l'autre, celle qui restera sera le total.

1730.
N°. 341.

Soustraction.

Pour faire la soustraction, on changera, comme on l'a dit, les ouvertures quarrées, c'est-à-dire, qu'en poussant les boutons on bouchera celles qui paroissoient dans l'addition & on fera paroître les ouvertures quarrées d'au-dessus; ensuite pour faire paroître par les ouvertures la somme dont on veut soustraire une autre, on se servira de la rangée circulaire de chiffres qui se trouvent gravés sur le chaperon H le plus près du centre; de maniere que si l'on veut faire paroître 2 deniers, il faudra mettre la pointe du conducteur dans le trou qui correspond au chiffre 2 du cercle le plus intérieur, & toujours tourner de droite à gauche.

EXEMPLE.

L'on veut soustraire de	9121.$^{l.}$	9.$^{s.}$	2.$^{d.}$
La somme	8989.	19.	11.
reste	131.$^{l.}$	9.$^{s.}$	3.$^{d.}$

On fera paroître dans les ouvertures des roues, comme il a été dit, de 9121. liv. 9. sols, 2. deniers, ensuite l'on fait comme si l'on vouloit y ajouter la somme de 8989. liv. 19. sols, 11. deniers, ayant égard alors pour placer le con-

1730. No. 341.

ducteur aux chiffres de la platine supérieure comme dans l'addition; ce qui étant fait, il ne paroîtra par les ouvertures que la somme de 131. liv. 9. sols, 3. deniers, qui est la différence, ou reste de la premiere somme sur la seconde.

Multiplication.

Pour cette regle l'on se sert des quarrés d'en-bas, par conséquent l'on referme ceux dont on vient de se servir pour opérer sur ceux d'en-bas. On met toutes les roues à zero, en se servant des chiffres extérieurs gravés sur le chaperon H, c'est-à-dire, en mettant la pointe du conducteur dans le trou qui répond au caractere que l'on veut faire paroître. Le multiplicateur n'a qu'un caractere, ou il en a plusieurs; s'il n'a qu'un caractere, on pose la somme à multiplier autant de fois qu'il y a d'unités dans ce multiplicateur, par exemple. Soit la somme 1245. à multiplier par 3, je pose trois fois cette somme en commençant par poser 5 sur la roue des unités. 4 sur la roue des dixaines, 2 sur celle des centaines, & ainsi de suite: je repéte donc trois fois la même opération, ce qui restera dans les ouvertures quarrées sera le produit de nos opérations réitérées, c'est-à-dire, qu'il se trouvera 3735, qui est le produit de 1245 par 3.

Si le multiplicateur a plusieurs caracteres, il faut multiplier tous les chiffres du multiplicande par chacun de ceux du multiplicateur, de la même maniere que ci-dessus, & observer que pour le second multiplicateur, il faut prendre pour premiere roue celle des dixaines, pour seconde celle des centaines, & ainsi des autres; ou bien pour abréger, sçachant que deux fois 3 vallent 6, l'on mettra tout d'un coup 6 au-lieu d'y mettre deux fois 3, ce qui abrége beaucoup l'opération. On fera de même sur toutes les autres roues pour tous les autres nombres.

Division

Division.

Pour faire une division, il faut se servir des ouvertures supérieures ; ensuite on y fait paroître la somme que l'on veut diviser, & il faut faire paroître zero à toutes les ouvertures des roues de quotient, puis après il faut ôter le diviseur de la somme à diviser tout autant de fois que l'on le pourra ; on se servira pour cette opération de la longue pointe *b* du conducteur, qui en même-tems fera mouvoir & marquer les roues de quotient, si le dividende n'a qu'un caractere ; car s'il en a plusieurs, il faudra alors se servir de la petite & marquer le quotient à chaque fois sur les petites roues, pour éviter les fréquentes erreurs où l'on pourroit tomber, comme on l'expliquera dans la suite.

EXEMPLE.

Soit la somme de 65 à diviser par 5, il faut faire paroître 65 par les ouvertures des grandes roues, puis commençant par celle de plus de valeur, l'on dit, 5 est contenu dans 6, & l'on fait comme si l'on vouloit additionner le diviseur 5 au dividende 6, c'est-à-dire, que l'on met la pointe du conducteur dans le trou de cette roue, qui correspond à 6 du cercle extérieur de cette roue, puis la faisant tourner à l'ordinaire, la pointe du conducteur fera mouvoir la piéce G, (voyez l'intérieur) laquelle fera marcher la piéce *f*, *d*, *a*, qui fera marquer le quotient au chaperon X de la petite roue correspondante par le moyen de l'encliquetage du ressort S, dès que l'on aura retiré la pointe du conducteur, ce qui laissera revenir la piéce *f*, *d*, *a* : ensuite comme l'on ne pourra plus ôter 5 de la roue des dixaines, où il ne paroîtra plus qu'un, on opérera sur celle des unités, & on en ôtera 5 de la maniere que ci-devant, autant de fois que cela se pourra, c'est-à-dire, trois fois ;

1730. N°. 341.

car il faut obſerver, que quoique lorſque l'on aura ôté une fois 5 de 5, il ne reſtera plus que o ſur cette roue, cela n'empêche pas qu'il n'en faille ôter 5 deux fois, parce qu'il étoit reſté 1 ſur la roue des dixaines qu'il faut épuiſer; par ce moyen on aura 13 aux roues de quotient & zero aux grandes roues, ce qui marque que 5 eſt treize fois dans 65 ſans reſte.

Si le diviſeur avoit pluſieurs caracteres, il ne faudroit pas ſe ſervir de la longue pointe du conducteur, parce que dans ce cas le quotient ne doit être marqué que ſur la petite roue correſpondante à celle qui repréſente les unités du diviſeur. Par exemple, ſi l'on veut diviſer 9989 par 124, comme le diviſeur a trois caracteres, & qu'il faut toujours commencer à épuiſer les plus gros nombres, on conſidérera la roue des milles comme celle des centaines, celle des centaines comme celle des dixaines, & celle des dixaines comme celle des unités; ainſi on ôtera 1 de la roue des milles, 2 de celle des centaines, & 4 de celle des dixaines, & l'on marquera 1 ſur la roue des quotiens correſpondante à celle des dixaines, ce qui marque qu'on a ôté une fois 124 de 9989 : on réitere cette opération ſur les mêmes roues, tant que cela ſe peut, en marquant à chaque fois un ſur la roue de quotient; ainſi cette opération ſera réiterée huit fois; par conſéquent on aura marqué 8 ſur la roue de quotient, & il ne ſe trouvera plus aux grandes roues que 89, qui ſera le reſte, ne pouvant être diviſé ſans réduction par 124, & le quotient cherché ſera 80, c'eſt-à-dire, qu'il y aura 8 ſur la roue de quotient des dixaines, & zero ſur celle des unités.

Methode pour réduire les livres en ſols.

Il faut pour réduire les livres en ſols mettre la roue des unités à zero, puis conſidérant celle des dixaines, comme tenant lieu de celle des unités, celle des centaines, comme celle des dixaines, & ainsi des autres; on mettra deux fois la somme à réduire sur lesdites roues, puis regardant aux ouvertures d'en-bas *qui doivent être ouvertes*, & considérant pour lors les roues selon leur ordre naturel, vous aurez le nombre des sols cherché.

1730.
N°. 341.

De la réduction des sols en deniers.

Pour réduire les sols en deniers, il faut que les parties d'en-bas des ouvertures soient ouvertes, ensuite vous mettrez deux fois le nombre de sols, comme si vous vouliez faire une addition; vous mettez encore une fois votre nombre de sols sur les roues, laissant la premiere comme si elle n'y étoit pas, & par conséquent considérant la roue des dixaines, comme tenant la place de celle des unités; celle des centaines, comme celle des dixaines, ainsi des autres, ce qui donne le produit cherché.

Pour convertir les sols en livres.

Il faut diviser les sols par vingt, & le quotient sera le nombre de livres.

Pour convertir les deniers en sols.

Il faut diviser le nombre des deniers par 12, & le quotient sera le nombre de sols cherché.

Pour convertir les deniers en livres.

Il les faut diviser par 240, & le quotient qui en résultera, sera le nombre de livres que vous désirez connoître.

Les usages ci-dessus énoncés sont communs à ceux de M. l'Epine: voici les autres Machines Arithmetiques de M. de Hillerin, qui roulent toutes sur le même principe pour l'usage seulement.

Machine Arithmétique.

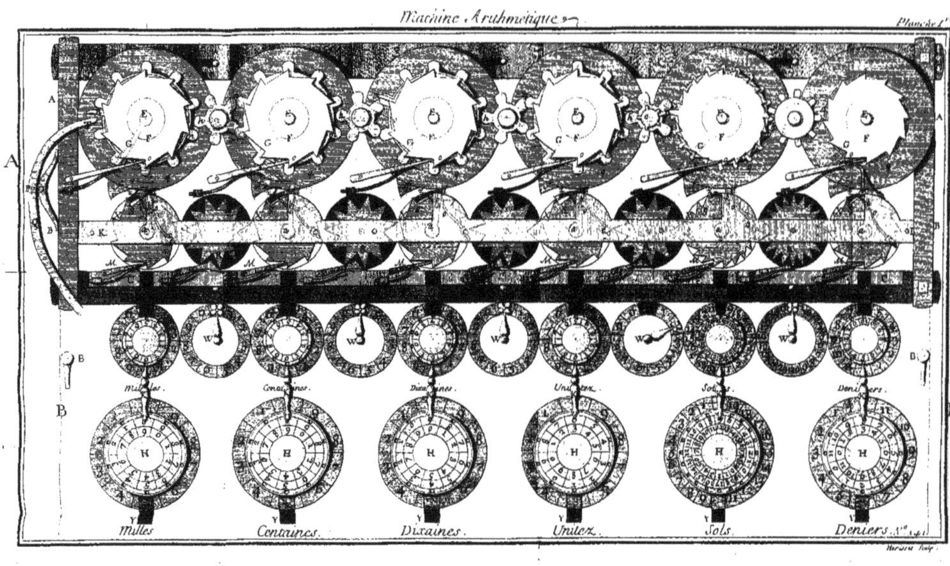

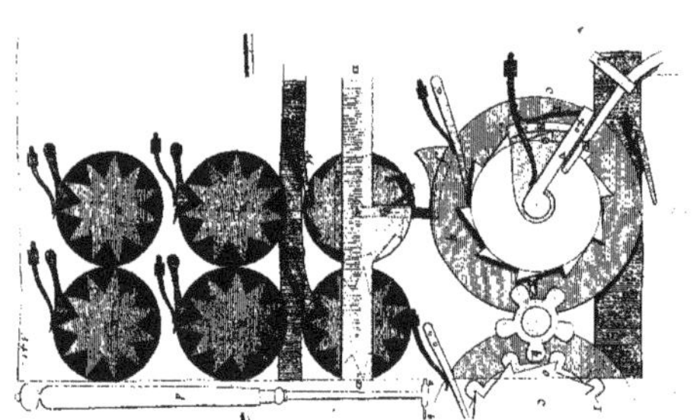

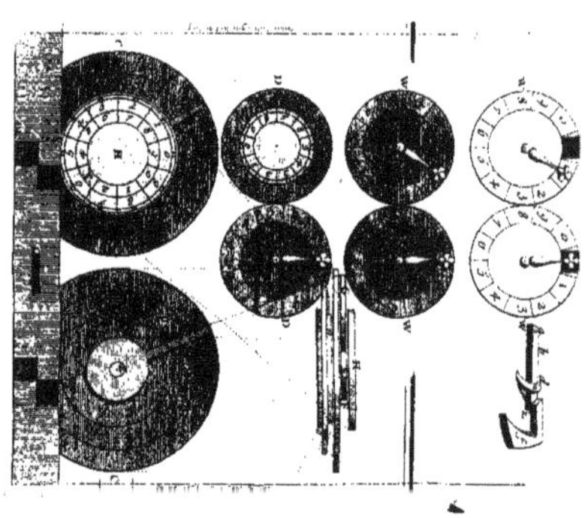

SECONDE MACHINE ARITHMETIQUE, INVENTÉE PAR M. DE HILLERIN DE BOISTISSANDEAU.

1730.
N°. 342.
PLANCHE II.

LA premiere Figure *abd* eſt l'outil ou conducteur avec lequel on opére.

Les réfléxions que l'Auteur a faites ſur les inconveniens de la premiere Machine, lui ont occaſionné la découverte des deux ſuivantes. *Outre les frottemens qui ſe rencontrent dans la premiere, elle ſe trouve encore bornée au* point de ne pouvoir calculer que des livres, ſols & deniers. On peut dans celle-ci changer les premiers mouvemens qui ſe joignent au reſte de la Machine, de maniere qu'elle forme un extérieur ſemblable à la premiere.

Deux platines de cuivre AT, BD renferment la Mecanique de chaque mouvement. BD eſt la platine de deſſus & AT eſt celle de deſſous; les points PP, &c. ſont les places des pilliers qui répondent à des trous placés au même endroit de la platine ſupérieure ; car toutes deux ſont de grandeur égale. L'on voit par la Figure III. que cet extérieur eſt le même qu'à la premiere, & qu'elle eſt auſſi garnie des demi-circonférences SS, qui avec d'autres mouvemens forment des cercles entiers, qui ſont les roues à écrire. La platine inférieure (Figure II.) eſt échancrée

en deux endroits sur la gauche. L'échancrure O sert de
1730. passage aux cramailleres du mouvement, lorsque l'on chan-
N°. 342. ge de boîte. L'autre échancrure C est pour le même usage pour laisser passer les roues à écrire. La piece N *o* est fixée sur la platine & porte un cliquet & des ressorts qui servent à la roue du quotient, dont le point T est le centre. Quant au ressort H & à l'échancrure du cercle dans lequel il est posé, on en va dire l'usage dans la Figure suivante.

Fig. IV. La Figure IV. est un assemblage de cette Mecanique; l'on voit par cet arrangement quelle seroit la largeur de la Machine; pour la longueur il n'y auroit que le nombre de roues que l'on y employeroit qui la détermineroit. Elle est composée de rateaux BEDG poussées par les ressorts H, l'une & l'autre compris dans les échancrures faites au cercle M. Le mouvement du rateau est libre dans l'échancrure, il se peut mouvoir sur l'axe *B fixé sur la platine*; sur la piece ronde M est un rochet T, divisé en autant de dents qu'il sera nécessaire, par dessus ce rochet est fermement attachée une roue dentée seulement dans une portion KX de sa circonférence : enfin par-dessus tout cela est le grand chaperon Q, sur lequel sont des chiffres gravés comme aux chaperons de la premiere Machine. Les rochets, & par conséquent les mouvemens, puisque tout marche ensemble, sont retenus par les cliquets EE, poussés chacun par un ressort. Il faut à présent sçavoir que chaque mouvement circule par le moyen d'un cliquet A*e* attaché au rateau & mobile sur le point *e*; ce même cliquet est contenu par un ressort aussi attaché sur le rateau. Or ce rateau ne fait avancer le mouvement, qu'après que la portion dentée de la roue qui la précéde l'a élevé vers T, & ensuite laissé échaper pour revenir au point d'où il étoit parti, y étant poussé par le ressort H, ce qui ne peut arriver sans que le mouvement ne se trouve avancé d'une division, puisqu'il est poussé par le cliquet A*e*. La bande PP doit être brisée, à cause du changement des mouvemens; car d'ailleurs

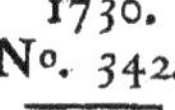

1730. N°. 342.

elle bouche & débouche alternativement en changeant les ouvertures où paroissent les chiffres à la platine supérieure, tout de même qu'à la premiere Planche. Le grand rateau qui a communication au premier mouvement de la droite, sert à faire marcher la rangée d'au-dessus, lorsqu'il est rencontré par la partie dentée du premier. Les pieces *a,b,z,n,v,m,o,f*, qui servent aux roues de quotient Q, ne different en rien d'essentiel des précédentes, non plus que les roues à écrire EE, qui par la maniere dont elles sont taillées, peuvent être tournées indifféremment à droite ou à gauche.

Par cette construction, l'on voit que les fonctions de cette Machine sont les mêmes qu'à la premiere, & qu'il faudra dix tours de la premiere roue pour faire avancer la seconde d'une division, & que tout ira dans la même raison décuple.

Les mouvemens de cette Machine sont beaucoup plus doux que de toutes celles qui l'ont précédée, & l'on doit regarder comme une très-grande commodité le moyen facile qu'elle donne de pouvoir changer les mouvemens; par là on n'aura qu'à avoir plusieurs mouvemens divisés selon les aliquotes des choses qu'on auroit à calculer, comme toises, pieds, pouces, marcs, onces, gros, &c.

M. d'Hillerin n'ayant point trouvé dans celle-ci toute la force qui lui étoit nécessaire, & aussi pour plusieurs autres raisons, a imaginé la suivante.

2e Machine Arithmetique.

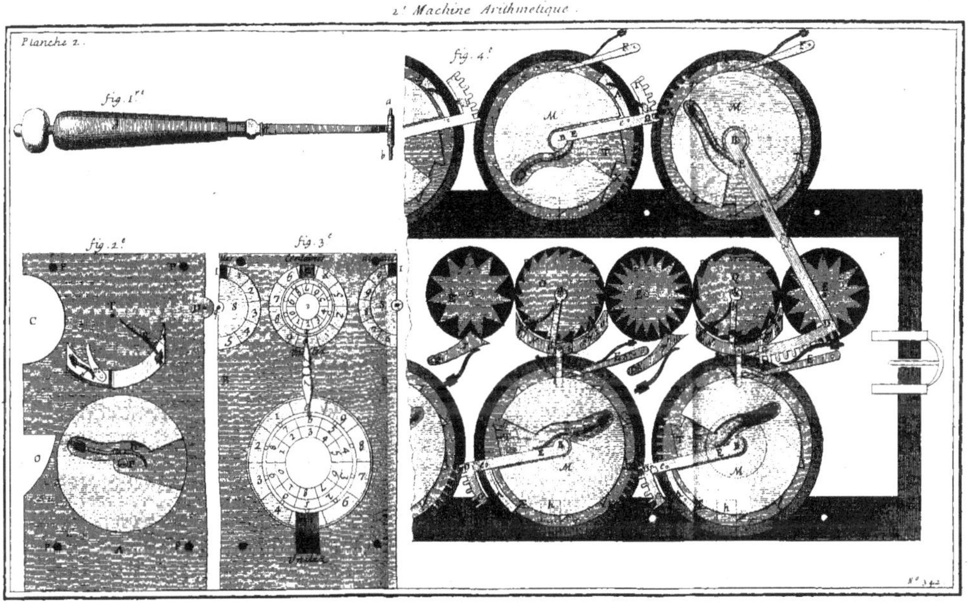

TROISIEME MACHINE

ARITHMETIQUE,

INVENTÉE

PAR M. DE HILLERIN DE BOISTISSANDEAU.

COMME les effets de cette Machine ne changent point, & que l'invention ne consiste que dans l'allongement des rateaux, & dans la diminution des roues dentées, l'on croit qu'il suffira ici de nommer les pieces & de les faire observer seulement par lettres de renvoi.

1730.
No. 343.
PLANCHE III.

Figure I.

S. Chaperon mobile de la roue à écrire, avec son éguille que l'on conduit sur la platine pour faire paroître le chiffre que l'on veut par les ouvertures quarrées de la même roue; Z dans la Figure VI. est son rochet garni de son cliquet & de son ressort.

Figure II.

BDG. Rateau sur lequel est attaché le cliquet CF poussé par un ressort.

1730.
N°. 343.

Figure III.

GF. Eſt le bras ou levier qui fait mouvoir la Figure V. qui eſt la piece qui fait agir la roue du quotient.

Figure IV.

LLHQGQXK, &c. Eſt un profil de tout le mouvement ; les parties qui le compoſent ſeront nommées quand on parlera du plan, Figure VIII.

Figure V.

abdf. Eſt la piece du quotient marquée des mêmes lettres, & ponctuée vers celle qui ſe trouve dans la Figure IX.
d v. Eſt ſon cliquet avec ſon reſſort Z.

Figure VI.

PPP, &c. Eſt la platine inférieure d'un de ces mouvemens ; C eſt l'échancrure pour le paſſage des roues à écrire ; O eſt la ſeconde échancrure, qui eſt pour le paſſage des rateaux.
v z. Eſt la piéce qui porte le cliquet F avec ſon reſſort, & qui ſert au rochet.
NO. Eſt celle qui porte le reſſort R de la roue du quotient, & le cliquet *m* avec ſon reſſort.

Figure VII.

BD. Platine extérieure de même grandeur que la platine intérieure ; q eſt une échancrure pour le paſſage de l'arbre de la roue à écrire S.

Figure VIII.

BDG. Rateau du mouvement, poussé par le ressort H & qui porte le cliquet R, qui fait mouvoir le rochet T.

KX. Roue dentée dans une portion de sa circonférence, dans laquelle engréne le rateau qui fait tourner par ce moyen tout le mouvement.

Q. Chaperon sur lequel sont gravés les chiffres.

GB. Piéce qui fait mouvoir le quotient: l'on voit que toutes ces pieces sont aussi marquées des mêmes lettres dans le profil 4.

Figure IX.

Cette Figure ne différe point des mouvemens précédens, si ce n'est par le grand mouvement de dessous. Le rateau marqué par les lettres BRO doit être coudé en RO, afin de pouvoir se mouvoir près des pilliers des platines.

Toutes ces Machines sont de beaucoup supérieures à celles de ce genre qui l'ont précédée, il ne s'y trouve point de complications de ressort, qui pour l'ordinaire rendent les mouvemens rudes & inégaux; mais au contraire, les mouvemens de celle-ci sont doux, leur composition simple & d'une exécution facile. On en peut aisément juger; l'Auteur s'est lui-même donné la peine d'en faire des modéles en bois, qui ont parfaitement réussi.

3e Machine Arithmetique.

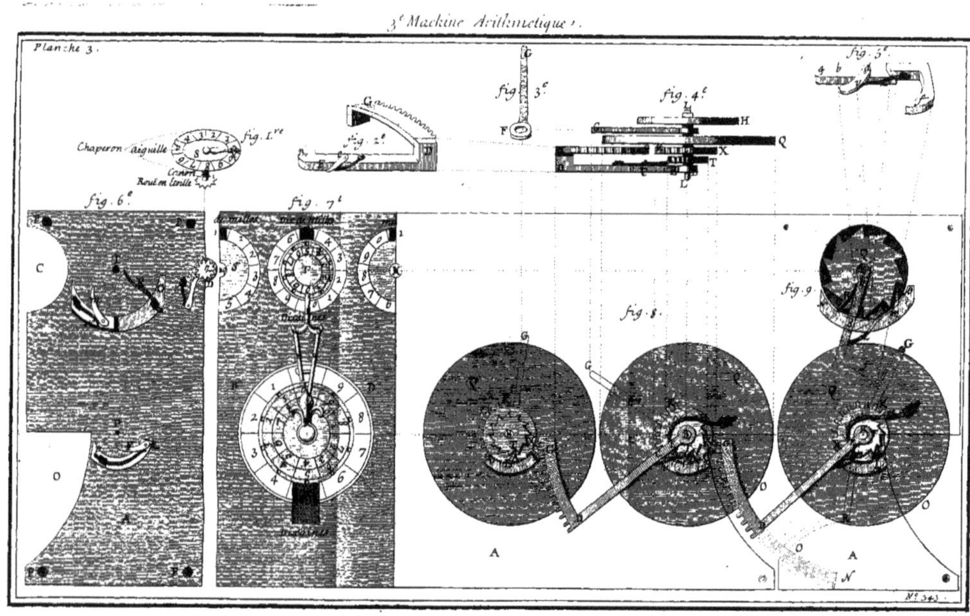

FLAMBEAU

POUR

FAIRE BRULER LA CHANDELLE

JUSQU'AU BOUT,

INVENTÉ

PAR MADEMOISELLE DU CHATEAU.

LA tige CD de ce Chandelier eſt briſée & contient une vis LM garnie d'un écrou IH, auquel eſt adapté un fond G mobile, qui ſe hauſſe & ſe baiſſe le long de la bobeche; ce qui ſe fait en tournant la tige briſée, ſoit qu'on veüille laiſſer brûler la chandelle juſqu'au bout, ſoit qu'on veüille la retirer aiſément. La bobeche EF tient à la tige CD, & cependant lui permet de tourner.

1730. N°. 344.

Cette tige renferme la vis LM, le bout eſt enté ſur un pied ordinaire AB, où la tige eſt aſſujétie par l'écrou N.

Ce Chandelier eſt ſimple & utile pour l'uſage énoncé, quoique cette Mecanique ne ſoit pas nouvelle, ayant été déja employée à des canifs & autres outils pour un ſemblable uſage.

Flambeau pour bruler la chandelle jusqu'au bout

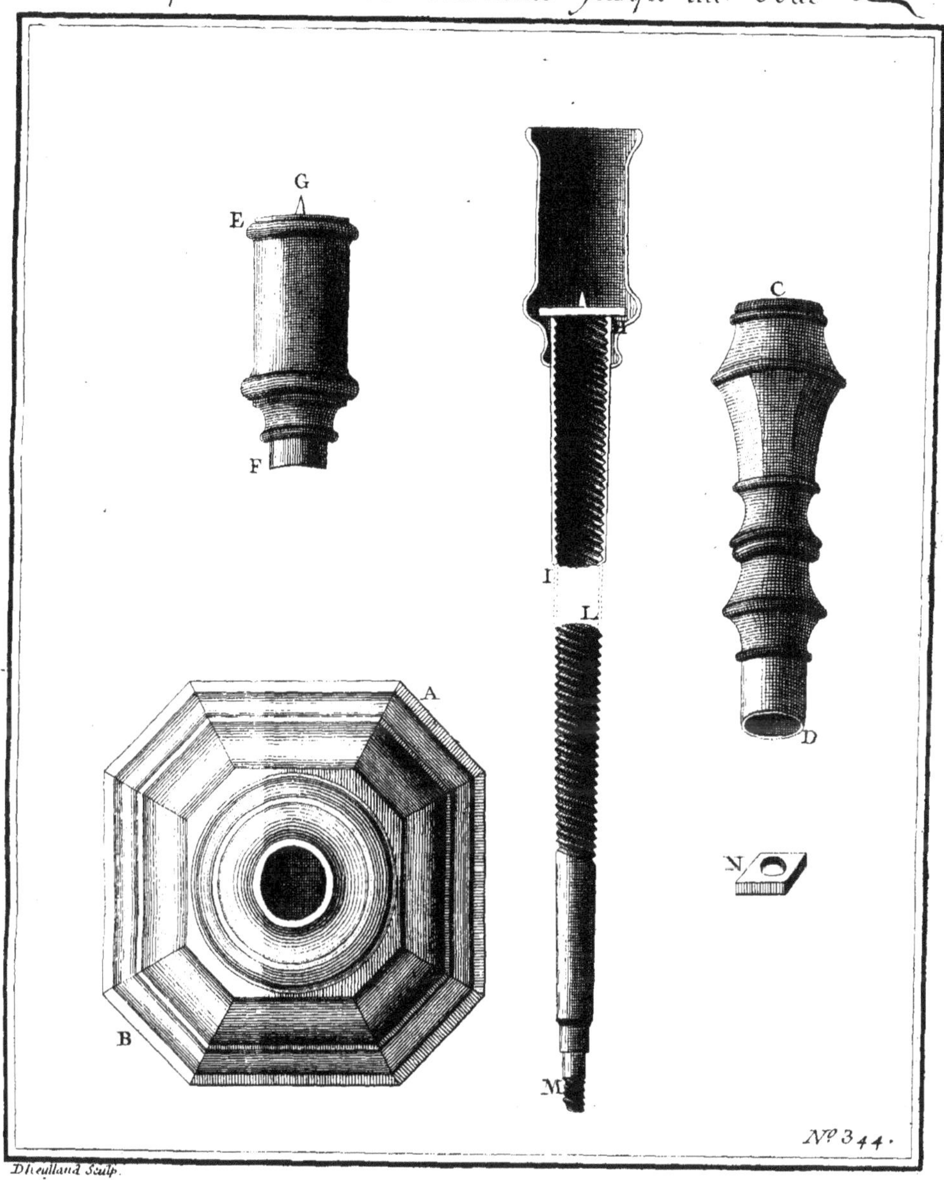

MACHINE POUR FAIRE VOGUER UNE GALERE, INVENTÉE PAR M. LE COMTE DE SAXE.

1730. N°. 345. 346. PLANCHE I.

AB est une Galere armée de 38 rames, 19 de chaque côté; ces rames sont attachées par des boulons de fer à un bordage CD, soutenu par trois de ces rames, une à chaque bout, & l'autre au milieu: ces trois rames suffisent pour diriger les autres; leurs bouts passent dans les ovales F, G, H; les extrémités des rames parcourant ainsi le pourtour des ovales, il est clair que la partie opposée des mêmes rames décrira aussi la même figure, leur point d'appui étant dans des ouvertures faites au bordage extérieur NO; par conséquent ces rames tremperont dans l'eau. L'on voit donc le bordage CD se hauf-

fer & se baisser, suivant le petit diametre vertical des
1729. ovales : or le mouvement qui lui fait parcourir cet es-
N°. 345. pace lui est produit par la Planche IM, à laquelle il est
346. attaché.

Dessus la Galere est un passavant en terme de marine, ou bien un bordage fort large qui donne la communication de l'avant à l'arriere; c'est dessous ce bordage qu'est renfermée la Mecanique de cette Machine développée dans la Planche suivante.

PLANCHE II. *Fig. I.* La puissance est appliquée à l'extrémité Q du levier; le centre de mouvement de ce levier est au point B. Au point A est une fourchette, qui fait charniere à ce point, & qui prend le levier des deux côtés. Le second levier AE, tient à la manivelle L, fixée au centre de la roue, qui engréne dans la lanterne G; l'arbre de cette lanterne passe dans des ouvertures telles que 20, 21, faites dans les bordages O, G, P, 120, 21, T, V, M; à ce même arbre est fixée une roue de volée H, sur laquelle passe une corde qui vient aussi passer sur la premiere petite roue de volée R garnie de quatre lantilles de plomb. L'arbre de la petite roue porte une vis sans fin S qui engréne dans la roue Y, au centre de laquelle est fixée une lanterne X; cette lanterne engréne aussi dans la cramaillere TV, solidement attachée au bordage 1, 20, 21, T, V, M; ce
Fig. II. bordage horisontal, est mobile sur le bordage OP garni de roulettes 4, 5, 6, 9, sur lesquelles le premier bordage est appuyé; celui-ci tient à une arbaleste 13, 14, 15, & 16, faite de corde à boyau, qui tend toujours à tirer le bordage vers l'avant : or comme nous avons dit que la piece C, D, qui porte les rames, tenoit à ce bordage, il est évident que toutes ces rames seront entraînées par le débandement du ressort : ce ressort se tend & se détend en cette maniere.

La

La puissance faisant agir le levier Q, en le poussant & le tirant à soi, fera tourner la manivelle L, ensemble la roue à laquelle elle est fixée; cette roue fait mouvoir la lanterne G & la grande roue H, celle-ci fait circuler le volant R, ce qui ne peut arriver sans que la vis sans fin S, qui lui est adaptée ne fasse mouvoir la roue Y, & la lanterne X; cette lanterne engréne dans la cramaillere TV fixée au bordage supérieur : or l'on voit que par le mouvement le bordage tirera sur les ressorts 15, 16, & les bandera. Ce bordage n'a pu faire ce chemin qu'il n'en ait fait faire autant à la piece & à la rame F, qui pour lors du point 10 de l'ovale double est parvenu au point 3 dans ce même ovale ; c'est précisément dans ce moment que la cramaillere échappe à la lanterne, laquelle n'a de fuseaux qu'en une portion de sa circonférence: pour lors le ressort tire les rames avec toute la force qui lui a été communiquée : dans ce tirage la rame parcourt le côté opposé 3, 2. Comme toutes les rames ont la même direction, puisqu'elles tiennent au bordage par des boulons de fer 29, 30, (Figure III.) il s'ensuivra que toutes ensemble donneront un coup de fouet, qui imprimera une vîtesse à la Galere qui la fera avancer. Les ressorts 2, 3, servent à empêcher le retour des rames, qui se pourroit faire à la réaction.

1730.
N°. 345.
346.

Cette Machine est très-ingénieuse, & sa Mécanique peut fournir de très-bonnes idées; quant à l'application qu'on en a fait à cette Galére, il paroît que la grande quantité de frottemens qui s'y rencontrent doivent en rendre les mouvemens durs, outre que la force imprimée aux rames devient insuffisante pour faire parcourir un certain espace capable de donner le tems de bander le ressort, afin de faire succéder promptement un coup de rame après l'autre; par exemple, cette Ma-

1730. N°. 345. 346.

chine remontant contre un courant, tel que la Seine, le premier coup de rame étant donné, la vîtesse acquise doit se perdre, & la Galere retrograder d'à-peu-près autant que l'espace parcouru, d'où il suit que cette Galere n'aura pas une vîtesse constante. En voici le calcul fait sur les vrayes dimensions gardées dans l'exécution de cette Machine : ce calcul est fondé sur le principe général d'une roue menée par une vis sans fin.

CALCUL.

Principe general.

Si une puissance enleve un poids à l'aide d'une vis sans fin & d'une roue dentée, la puissance sera au poids comme le produit de l'intervalle d'un des pas de la vis, par le rayon du pignon de la roue, est au produit de la circonférence que décrit la puissance par le rayon de la roue.

APPLICATION.

Pour sçavoir quel est le poids qu'une puissance de 25 livres peut enlever par le moyen de cette Machine, nous supposerons le rayon du volant R de 8 pouces, par conséquent la circonférence sera de 50 pouces $\frac{2}{7}$, les pas de la vis d'un pouce, le rayon de la roue Y de 27 pouces, & celui de son pignon de 9 pouces; cela posé, & par le principe précédent, si l'on multiplie le rayon du pignon par un pas de la vis, l'on aura 9 pour un des termes de la proportion; & multipliant aussi le

rayon de la roue, qui est 27 pouces par $50\frac{2}{7}$, circonférence que décrit la puissance, l'on aura au produit 1730.
$1357\frac{1}{7}$ pour second terme ; ainsi la puissance sera au poids N°. 345.
comme 9 est à $1357\frac{1}{7}$. 346.

Machine pour faire voguer une Galere

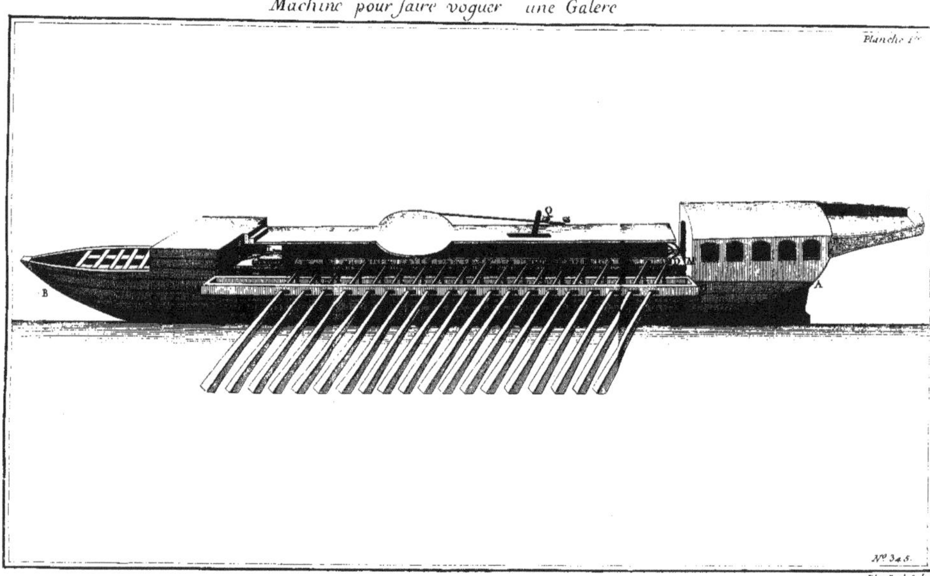

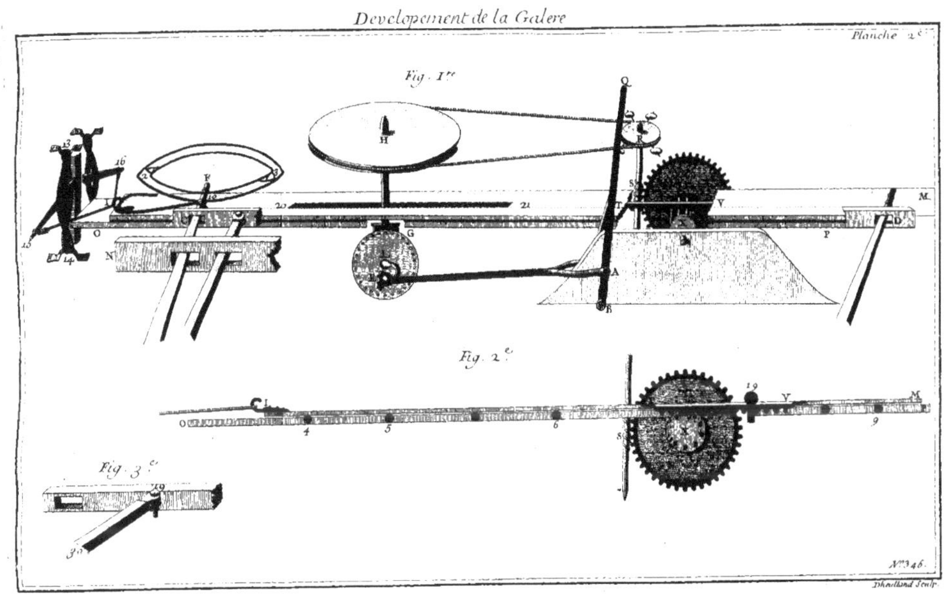
Developement de la Galere
Planche 2e
Fig. 1re
Fig. 2e
Fig. 3e
N°346.
Dheulland Sculp.

RECUEIL

DES MACHINES

APPROUVÉES

PAR L'ACADÉMIE ROYALE

DES SCIENCES.

ANNÉE 1731.

NOUVEAU BASSIN

POUR CONSTRUIRE

ET

RADOUBER LES VAISSEAUX DE ROI,

PROPOSÉ

PAR M. GALLON.

LE but que je me suis proposé en imaginant ce nouveau Bassin, a été de procurer au service de la Ma- 1731.
rine plusieurs avantages qu'elle ne sçauroit avoir dans les N°. 347.
Bassins déja établis dans les Ports; & dont on s'est servi 348.
jusqu'à présent, pour radouber & carenner les Vaisseaux. 349.

Ces avantages sont, 1°. de pouvoir placer & conser- 350.
ver un Vaisseau tout-à-fait à sec, en supprimant les frais journaliers des Machines qu'on est obligé d'employer pour l'épuisement des Bassins ordinaires : 2°. de ménager les portes qui souffrent continuellement une poussée d'eau qui les force, & qui rend toujours à leur destruction, malgré le bati qu'on est obligé de faire dans l'intérieur de ces portes, tant pour les fermer exactement, que pour résister à la poussée de l'eau, qui cependant (malgré ces

précautions,) ne laisse pas de se faire des passages assez
1731. considérables, qui obligent d'employer les pompes jour
N°. 347. & nuit; & cela par rapport aux marées dont il faut profi-
348. ter. Outre l'eau qui s'introduit entre les portes, il se trou-
349. ve encore des sources dans le fond de ces Bassins. C'est
350. le défaut de ceux de Brest & de Rochefort, de maniere
qu'il n'est pas possible de les tarir : 3°. de procurer aux Ouvriers la commodité de pouvoir travailler dans le fond à l'abri de l'humidité : 4°. de donner la liberté aux chaloupes de porter jusqu'au talon du Vaisseau, tout ce qui est nécessaire pour le radoub.

Si ces avantages sont de quelque conséquence, en se servant de ce nouveau Bassin pour y radouber les Vaisseaux; il s'en trouvera beaucoup d'autres en le faisant servir de Chantier de construction : puisqu'on s'épargnera les dépenses que l'on fait, & les risques que l'on court pour mettre un Vaisseau à la mer par la maniere ordinaire.

1°. Je commence par expliquer cette maniere ordinaire, & je parlerai d'abord de l'Ocean, parce que c'est où l'on trouveroit plus de difficulté à me faire. On jugera par là de la simplicité du projet, & de la nécessité qu'il y a de l'exécuter dans certains Ports, tant pour la conservation des Vaisseaux que pour le bien du service.

PLANCHE I. FIG. I. & II. On construit ordinairement un Vaisseau tel que A, B, sur un plan incliné C, D, que l'on appelle communément cale. La superficie de cette cale, est couverte suivant sa largeur de plusieurs piéces de bois, parmi lesquelles on plaçoit autrefois pour les gros Vaisseaux, plusieurs rouleaux enfermés dans des chassis & disposés sous la course des anguilles du ber : mais ces rouleaux sont devenus de peu d'usage. L'on se contente de mettre des piéces de bois de travers, que l'on nomme corps morts, & que l'on a le soin de bien graisser. Le ber est composé de deux anguilles, qui sont deux grosses piéces de bois, comme EF liées aux extrémités par des traverses. Sur ces anguilles

font

ſont attachées verticalement & fixement pluſieurs autres
pieces entaillées, que l'on nomme colombiers, telles que 1731.
G, H, I, K, (Figure II.) Ces colombiers vont par gra- N°. 347.
dation & embraſſent les façons du Vaiſſeau, & ſervent à 348.
le ſoutenir au moyen des cordages ou roſtures, H, M, 349.
I, L, M, N, O, M, P, que l'on paſſe d'un colombier 350.
à ſon oppoſé par deſſous le Vaiſſeau. Ces cordages ſe roidiſſent à force de cabeſtans. Outre cela, il y a les brides, qui ſont des cordages qui paſſent d'une anguille à l'autre par deſſous la quille du Vaiſſeau. Cette quille eſt encore affermie contre le ber par des traverſes poſées horiſontalement & qui arcboutent contre la quille & contre les côtés des anguilles. Ces traverſes ſont au nombre de 20 pour les gros Vaiſſeaux, c'eſt-à-dire, 10 de chaque côté. Les colombiers ſont aſſujétis par les arcboutans qui s'oppoſent à la direction que le Vaiſſeau a, par rapport à l'inclinaiſon du plan ſur lequel il porte. Ce ber eſt retenu par des cordages comme S, & par des clefs qui s'oppoſent à la direction du Vaiſſeau de même que les arcboutans; on a le ſoin de bien unir & ſuiffer les parties de la cale ſur leſquelles le ber porte, ce qui ſe fait en le conſtruiſant. L'on ſuiffe auſſi les endroits par où il doit paſſer; mais ce dernier préparatif ne ſe fait qu'à la mer montante du jour deſtiné pour lancer le Vaiſſeau.

Sur le pont du Vaiſſeau, ſont filés deux cables dégagés de tout, & dont une des extrémités ſort par les écubiers R, & vont s'amarer à des points fixes, qui ſont des ancres enterrés à la partie ſupérieure de la cale. Ces cables ſervent à retenir le Vaiſſeau dans ſa courſe, lorſqu'il eſt à flot. Outre cela, il y a pluſieurs mâts flotans joints enſemble, & poſés de front, contre leſquels le Vaiſſeau va heurter, ce qui termine ſa courſe. On obſervera que ce choc cauſe toujours la perte de deux ou trois mâts, qui, à la vérité, ont beaucoup ſervi; mais dont on pourroit encore faire uſage.

1731. Le grelin X, Y, est un cordage qui est fixé par son extrémi-
N°. 347. té X; son autre extrémité Y, est garnie au cabestan dans le
348. Vaisseau. Ce grelin sert à ébranler le Vaisseau, s'il ne part pas
349. après avoir coupé & enlevé toutes les retenues du ber qui le
350. porte. Tout étant disposé de la maniere dont je viens de le décrire, on prend le jour de la plus haute marée du mois où l'on est, pour lancer le Vaisseau, & l'on commence, 1°. à la mer montante, à le desaccorer, comme il est représenté dans cette Figure, excepté six ou huit accorts, c'est-à-dire, trois ou quatre de chaque côté à l'avant du Vaisseau ; ces accorts sont reservés en cas d'arrêt : 2°. quand la mer est environ vers le point F, qui est le talon du Vaisseau, l'on enleve toutes les retenues du ber; puis l'on coupe les clefs de l'arriere, & presque dans le même-tems *celles de l'avant*, représentées par les cordages *S*; si le Vaisseau ne part pas, on a recours au virage sur le grelin X, Y, & au burin ; ce *burin n'est* autre chose que des coins qu'on introduit de force entre les deux ventrieres & les especes de billots qui les portent; & cela afin de soulever le Vaisseau pour le faire partir. Le grand inconvenient qui arrive quelquefois, est qu'un Vaisseau après avoir couru cinq ou six pieds, il se trouve arrêté par une inégalité qu'il y aura dans la cale, ou même quelque chose de moins. Pour lors on redouble les mêmes efforts, & ils deviennent souvent inutiles; on consomme beaucoup de cordages, sur-tout des grelins, dont la rupture est à craindre pour ceux qui se trouvent aux environs. On perd beaucoup de tems, pendant lequel la mer se retire. Le vaisseau dans cette situation, étant en danger de se renverser, pour lors on ne songe plus qu'à le rassûrer en l'accorant de nouveau, afin d'être en état d'attendre la *marée suivante*, & quelquefois celle du lendemain.

On ne sçauroit disconvenir que ce travail ne soit très-rude, il consiste à élever des accorts, qui ont beaucoup coûté à descendre, par rapport à leur longueur & à leur poids; & ce travail demande d'autant plus de promptitude dans son exécution, que le ber décrit ci-dessus, n'est uniquement fait, que pour soutenir le Vaisseau dans sa course; ainsi il est de conséquence de l'accorer dans son arêt.

S'il arrive que le Vaisseau se lance sans s'arrêter, on fait remonter ce ber à force de bras le long de la cale.

Voilà la manœuvre que l'on pratique pour lancer les Vaisseaux du premier, deuxiéme, troisiéme & quatriéme rang. A l'égard des petites Frégates, on ne fait qu'emboîter leurs quilles, & on met à chaque côté deux anguilles ou coëtes qui les soutiennent par leur flanc, jusqu'à ce qu'ils soient à flot & terminent leur course en heurtant contre plusieurs mâts flotans, de même que les gros Vaisseaux. On ne sçauroit concevoir combien cette maniere de lancer les Vaisseaux, est préjudiciable, tant pour les risques que j'ai expliqués ci-dessus, que par rapport aux différens tours de reins qu'un Vaisseau se donne en cet état. Si l'on imagine un poids aussi énorme que celui d'un gros Vaisseau, qui n'est soutenu que par un simple ber, qui a très-peu de base par rapport à la largeur du Vaisseau, que les hauts de ce Vaisseau chargent & travaillent absolument à déranger les membres qui approchent le plus de la maîtresse varangue, parce que les flancs du Vaisseau saillent bien au-delà des parties soutenues par les colombiers du ber; son fort, qui est une partie essentielle pour sa conservation en mer, n'est pas moins endommagé. Ce fort n'est dans ce moment soutenu de rien. Il arrive assez souvent que ce Vaisseau s'arrête, comme je l'ai expliqué, & souffre d'autant plus, qu'il reste de tems dans cette situation.

L'on me dira peut-être que le Vaisseau doit donc souffrir dans le tems de sa construction. Je réponds à cela,

que le Vaisseau dans le tems de sa construction, est sou-
1731. tenu de tous côtés, par des accorts qui maintiennent ses
N°. 347. membres dans l'état où l'on les souhaite.
348. Il résulte des accidens mentionnés, que des Vaisseaux
349. ayant été construits sur de bons gabaris, après avoir
350. souffert les différens ébranlemens qu'une telle manœuvre
peut causer, on n'en a point eu le succès qu'on s'en promettoit, & cela par le dérangement de ses façons, ce qui lui rompt sa marche & lui donne une disposition à s'arcquer.

Jusqu'à présent on n'a pas trouvé (que je sçache) de lieu propre pour construire & mettre un Vaisseau à la mer, sans courir tous ces risques. Les Bassins qui sont actuellement pratiqués, ne servent que pour y radouber ou carenner, conservant toujours beaucoup d'eau dans leur fond, & par conséquent, le bois dont on se serviroit, pourroit acquerir de l'humidité. Cet inconvenient les rend peu propres pour y construire, le bois le plus sec étant le meilleur pour la construction.

PLANCHE II. FIG. I. & II. Le Bassin que je propose pour servir de chantier de construction, contient deux formes bout à bout. La premiere de ces formes A, B, C, D, est de 42 pieds de profondeur, depuis le fond de la mer A, D, jusqu'à la superficie C, B, & je suppose qu'il entre dans cette premiere forme 20 pieds d'eau environ à toutes les marées dont le niveau est la ligne E, F, G; à l'extrémité de cette forme, j'en construis une autre E, H, I, L, C, élevée à un pied $\frac{1}{2}$ ou deux pieds au-dessus du même niveau E, F, G. Cette forme a pour hauteur ce qui excéde le niveau de l'eau de la premiere forme, qui est de 20 pieds à l'endroit du contrefort I, L, & à l'endroit C, E, de vingt-deux pieds à prendre du niveau de l'eau. Ces deux pieds de différence se trouvent par l'excédant de la seconde forme, sur la quantité d'eau qui entre dans la premiere.

Autour de la seconde forme, il regne une banquette
MN (Figure III. profil pris sur la ligne 2, 3 de la Figure 1731.
II.) élevée à 10 pieds au-dessus du rez-de-chaussée; & à N°. 347.
chaque côté de la premiere forme, est une autre banquet- 348.
te de niveau avec le rez-de-chaussée de la seconde, afin 349.
de pouvoir tourner tout-au-tour du Bassin. 350.

Le fond de la seconde forme doit être ou pavé ou recouvert de bordage, & avoir dans toute sa longueur un chantier de bois de deux pieds de hauteur, sur lequel doit poser la quille du Vaisseau; mais comme la hauteur de ce chantier ne donneroit pas les commodités nécessaires à l'Ouvrier pour border le Vaisseau, sur-tout dans le plat des varangues, on pratiquera une tranchée *ab* de 15 toises de long, de 3 de large, & d'environ trois pieds de profondeur; pour lors cette profondeur jointe à la hauteur du chantier, fera environ 5 à 6 pieds, qui est même plus qu'il ne faut, à l'égard de l'avant & de l'arriere, ces façons donnent assez de jour pour le travail: on aura le soin de boucher cette tranchée quand on voudra entrer ou sortir quelque Vaisseau.

La porte Q Q R de ce Bassin est rentrante au lieu d'être saillante, comme celle des Bassins ordinaires, & cela par rapport à la poussée intérieure de l'eau qui est beaucoup plus grande que la poussée extérieure, la mer ne frappe en dehors contre la porte, que de la hauteur de 19 à 20 pieds tout au plus, & par dedans elle peut presser de la hauteur de 35 à 37 dans l'Ocean où il y a flux & reflux, ce qui arriveroit deux fois par 24 heures à la mer basse, & ne presseroit pareillement que de la hauteur de 20 pieds à la pleine mer. Cette pression intérieure est favorable pour la clôture de la porte; la division qui se fait dans son milieu, par rapport à la forme angulaire, fait que l'effort agit contre les charnieres; & que la pression sur la surface de chaque côté tend à serrer leurs joints. Cette

porte fait sa révolution en dedans, & sur une plate-forme
1731. de pierre dans le fond du Bassin. J'ai partagé cette même
N°. 347. porte en quatre battans, afin d'en rendre la fermeture plus
348. aisée & le travail plus doux.
349. Dans les battans supérieurs de la porte, il y a des van-
350. teaux ou sabords S, T, (Figure IV.) pour vuider peu à peu l'eau que l'on y fait entrer, pour les usages que j'expliquerai ci-après.

L'on fera entrer l'eau dans le Bassin, par le moyen de deux Machines hydroliques, telles que les deux moulins à vent 8, 9, (s'il ne se rencontre rien de mieux) placées à chaque côté extérieur de la porte. Ces Machines fourniront de l'eau dans l'intérieur du Bassin, par exemple aux
PLANCHE II. FIG. I. endroits QQ (Figures I. & II.) Supposant donc qu'un Vaisseau ait été construit dans la seconde forme H, I, L, C; lorsqu'il s'agira de le mettre à *la mer*, on commencera, 1°. par fermer les portes, quand la mer *fera* dans son plein, afin de conserver 20 pieds d'eau dans la premiere forme; 2°. on aura soin de bien calfater tous les joints; 3°. on fera travailler les Machines pour mettre de l'eau dans la capacité F, E, H, I, L, C, Q, autant qu'il en faut pour faire floter le Vaisseau en quittant son chantier; & l'on suppose qu'il se soit élevé en X: pour lors on le tirera sans peine de la seconde forme dans la premiere, suivant la ligne X, Y, où étant arrivé, on ouvrira les vanteaux *S, T* (Figure IV.) des portes d'où l'eau sortira peu à peu, jusqu'à ce que le Vaisseau soit descendu verticalement suivant la ligne Y, Z, (Figure I.) qui est le lit de la plus haute marée. Après quoi, on ouvrira tout-à-fait les portes, & on fera sortir le Vaisseau sans aucun embarras.

Il est donc clair que par la disposition de ce nouveau Bassin, on y pourra construire facilement, procurant par lui-même beaucoup d'avantages, tels que, 1°. d'être par-

faitement à l'abri de toute humidité : 2° la suppression de
la grande quantité de Machines qu'on est obligé d'élever 1731.
pour pouvoir placer les membres ; sur-tout les œuvres N°. 347.
mortes du Vaisseau, qui par les difficultés que l'on trou- 348.
ve à les pouvoir monter à leurs places, obligent de se 349.
fournir d'une infinité d'expédiens qui coûtent du tems & 350.
de la perte par la consommation des cordages & autres ustenciles : 3°. en construisant dans ce Bassin, l'on peut tailler toutes les piéces sur le quai qui l'environne, d'où l'on descendra les membres des œuvres vives avec beaucoup moins d'embarras, ce qui donnera moins de sujétion à placer les varangues perpendiculairement sur la quille du Vaisseau : 4°. les œuvres vives du Vaisseau étant placées, l'on pourra encore élever des échafauts, pour achever les œuvres mortes, en les faisant arcbouter contre les côtés du Bassin ; où enfin les appuyant sur la banquette qui regne tout autour dans le milieu de la hauteur, & par ce moyen les Ouvriers auront plus de sûreté & de commodité pour le travail : 5°. on supprimera les frais d'un ber, qui sont *toujours* considérables vû, les journées d'Ouvriers qu'il faut employer pour le construire, la quantité de bois, de cordages, de fer & autres ustenciles qu'il faut y employer, la consommation des grelins & des mâts placés, pour borner la course du Vaisseau : la plus grande partie de toutes ces choses vont en pure perte ; à quoi il faut ajouter les risques continuels que courent les Ouvriers.

Par la Methode proposée, tous ces inconveniens cessent : 1°. on mettra un Vaisseau à la mer à très-peu de frais, & qui ne consisteront qu'à faire travailler les Machines & autres manœuvres nécessaires : 2°. il n'y a plus de risque ni pour les Ouvriers, ni pour le Vaisseau, étant sûr que rien ne l'arrêtera : 3°. cette manœuvre se pourra faire dans deux jours ou environ, au moyen des Machi-

nes que je me propose d'employer, pour remplir le Baf-
1731. ſin, le tout fondé ſur l'expérience. Enfin on prévient par
N°. 347. cette maniere un grand nombre d'autres inconveniens
348. ſouvent inévitables, ſur-tout pour les Vaiſſeaux du premier
349. & ſecond rang, qui par rapport à leurs poids, peuvent
350. être mis en danger par la moindre choſe.

Comme il arrive quelquefois qu'un Vaiſſeau ne ſe trouve point avoir aſſez de fort, & que l'on ſe voit obligé d'y faire un ſoufflage, il ſera aiſé de le connoître dans ce Baſſin en y faiſant floter le Vaiſſeau. Si l'on ſe voit dans la néceſſité de travailler dans ces œuvres vives, on fera évacuer une partie de l'eau, & par ce moyen, on ſera en état de faire telle réparation que l'on jugera à propos. Il en ſera de même pour rectifier la ligne d'eau, au lieu que quand un Vaiſſeau eſt une fois lancé à la mer, & qu'il eſt néceſſaire de retoucher *dans ſes œuvres vives*, il faut avoir recours à des pontons pour le coucher *ſur le côté*, ce qui fait retomber dans des inconveniens terribles que je ferai remarquer dans la ſuite.

Avant de conſidérer les autres propriétés de ce nouveau Baſſin en s'en ſervant pour refondre les Vaiſſeaux, il eſt néceſſaire de décrire un des Baſſins ordinaires : j'ai choiſi pour cet effet celui de Breſt, étant le plus commode & le mieux conſtruit qui ſoit dans aucun Port du Royaume.

PLANCHE III. FIG. I. & II. Le Baſſin de Breſt a 200 pieds de long, ſa largeur va en retraite par rapport à deux banquettes E F, C D, (Figure II.) qui regnent dans toute ſa hauteur. La largeur du fond G H, eſt de 47 pieds $\frac{1}{4}$, la largeur E F, de 49. C D, de 57, & A B, de 66 $\frac{1}{4}$, la hauteur eſt de 24 pieds 6 pouces. La porte I L, eſt ſaillante & a la même hauteur de 24 pieds $\frac{1}{2}$, & 50 à 51 pieds de large. Au bas de ce Baſſin il y a une plate-forme de pierres qui ſert à appuyer la porte, & ſur laquelle elle fait ſa révolution.

En dedans de ce Baſſin, & à côté de la porte, il y a deux

deux Machines hydroliques pour l'épuisement des eaux;
mais on ne se sert pour l'ordinaire que d'une de ces Machi- 1731.
nes. Ce Bassin est entourré de plusieurs autres Machines, N°. 347.
pour descendre les pieces nécessaires dans le fond; il est 348.
environné de puits qui servent principalement à conser- 349.
ver de l'eau, pour jetter sur les hauts du Vaisseau, quand 350.
on le chauffe pour le carenner. Le Bassin que je propose doit être pareillement environné de puits; ces puits se remplissent par le moyen de deux corps de pompes 7, 8, (Planche II. Fig. II.) qui fournissent de l'eau dans les rigoles 7, 11, L, & 8, 13, L. Je dois à M. Chevalier de l'Académie Royale des Sciences, cette maniere simple d'y fournir de l'eau.

Devant l'entrée du Bassin de Brest, il y a un pont de bois qui communique de la ville au parc. Ce pont s'enleve par le moyen d'un ponton d'une maniere fort simple; ce que l'on pratique, quand on veut faire entrer un Vaisseau dans le Bassin. L'on prend pour cet effet le moment que la mer est dans son plein. Le Vaisseau étant entré, on attend pour fermer les portes, que la mer se soit retirée, après quoi on calfate tous les joints, & on y met des clefs qui affermissent la porte pour résister à la poussée de l'eau; & comme il reste beaucoup plus d'eau à la fermeture des portes qu'il n'en entre dans la suite, le premier épuisement se fait avec les gens du Port qui vuident l'eau à la basse mer avec des seaux dans des goutieres qui passent par de petits sabords au bas des portes; puis on referme tout-à-fait ces sabords. De plus, la Machine travaille avec doubles chevaux.

Pour les épuisemens journaliers on fait un marché avec des Charetiers pour fournir des chevaux pendant le tems que le Vaisseau reste dans le Bassin. Ces dépenses vont d'autant plus loin, qu'un Vaisseau est plus de tems à être radoubé.

Le Bassin que je propose, n'est point sujet à tant de frais; car voulant mettre un Vaisseau dans le Bassin, je commencerai par le faire entrer dans la premiere forme, &

PLANCHE II. FIG. I.

puis ensuite faire fermer & calfater les portes ; après quoi
1731. les Machines travailleront, comme je l'ai dit, pour met-
N°. 347. tre un Vaisseau à la mer ; c'est-à-dire, que l'on sera entrer
348. autant d'eau qu'il en faut pour faire floter le Vaisseau dans
349. la capacité F, E, H, I, L, C, Q, ce que l'on verra ai-
350. sément en appliquant une regle divisée en pieds contre le mur en quelque endroit du Bassin. Supposant donc que le Vaisseau se soit élevé perpendiculairement de Z en Y dans la premiere forme, l'on le tirera dans la seconde suivant la ligne Y, X, où étant arrivé on ouvrira les vanteaux des portes, & l'eau de la mer sortira peu à peu, on aura le tems d'accorer le vaisseau ; ensuite on ouvrira les portes, & le Vaisseau restera tout-à-fait à sec. Par ce moyen, je supprime les frais continuels des Machines, & une bonne partie de leur entretien ; car il est évident que moins elles travailleront, & plus elles dureront. Il en est de même des portes qui fatiguent beaucoup moins. De plus les Chaloupes, comme je l'ai déja dit, dans le tems de la pleine mer, ont la liberté d'aller jusqu'au talon du Vaisseau, y porter tout ce qui est nécessaire pour le radoub ; ce qui épargne beaucoup de tems & de peines par rapport au débarquement qui est direct.

L'exécution de ce projet paroît absolument nécessaire dans la Méditerranée, où il n'y a point de Bassin, & où on est obligé de coucher un Vaisseau sur le côté, d'élever l'avant & l'arriere par le moyen des pontons ; ou enfin d'employer beaucoup de Machines, pour tirer un Vaisseau à sec sur une cale, ce qui ne se peut faire sans beaucoup de frais & de risques de toutes parts.

S'il y a beaucoup d'inconveniens dans la maniere de mettre les Vaisseaux à la mer, il y en a bien plus dans l'usage de tirer les Vaisseaux à sec, & les risques sont bien plus grands ; les différens tours de reins sont inévitables. L'on a vû très-souvent qu'un bon Vaisseau ayant été mis à sec par cette manœuvre, pour ensuite être refondu ; que

ce Vaisseau après sa refonte s'est trouvé avoir autant
de mauvaises qualités qu'il en avoit de bonnes, mal- 1731.
gré toutes les mesures & toutes les attentions que les N°. 347.
Constructeurs ont pû y apporter; & cela, par le dérange- 348.
ment des membres, qui pour ainsi dire, se désunissent & 349.
en changent absolument les façons; & comme pour con- 350.
server le gabaris d'un Vaisseau, on est dans l'usage, qu'après avoir détaché une piece du Vaisseau, on en coupe pour ainsi dire, sur le champ une semblable, que l'on remet dans la place de celle que l'on a ôtée, en observant de la mettre & de la lier dans la même position. Il est clair qu'elle est placée avec le même défaut que l'ancienne, c'est-à-dire, qu'elle conserve avec les autres membres, le mauvais tour qu'elle s'est donné par la fatigue que le Vaisseau a reçue en le tirant à sec, lequel par conséquent se trouve avoir de faux côtés.

Les mêmes choses arrivent, quand on est obligé de mettre un Vaisseau sur le côté, ou d'élever l'avant & l'arriere par le moyen des pontons; car le Vaisseau qui est tout-à-fait couché sur le côté, se pourrit, le poids énorme de la partie supérieure joint aux différens ébranlemens que lui procure le travail, charge extrémement la partie inférieure qui se trouve dans l'eau; tout cela tend à faire rentrer le bord en dedans, & tend aussi à désunir les parties qui le composent; il en est ainsi de l'avant & de l'arriere, quand l'un ou l'autre est élevé. Dans cette position, le vaisseau qui est toujours contraint tend à s'arcquer. De plus, toutes les manœuvres ne se font qu'avec beaucoup de dépenses, ayant égard aux consommations & au tems que l'on y employe; il faut aussi employer beaucoup de forces, pour virer & tourner des cabestans, ausquels sont appliquées des poulies de retour & autres Machines semblables; & si malheureusement un tournevire vient à casser, il résulte de cette rupture une infinité d'accidens par rapport aux Ouvriers qui y sont appliqués, &

même pour le vaisseau qui est toujours en danger. Il est vi-
1731. sible qu'en se servant du Bassin que je propose, toutes ces
No. 347. dépenses sont supprimées ; il n'y a plus rien à craindre
348. pour le vaisseau, ni de risque pour les Ouvriers. Le vais-
349. seau par ce moyen se mettra à la mer & pareillement à
350. sec, sans qu'il s'y trouve aucun des inconveniens ci-dessus. Le vaisseau conservera toujours son même gabaris, qui est un point essentiel pour le service de la Marine ; ses bonnes qualités subsisteront toujours, en apportant l'attention ordinaire, soit dans la construction, soit dans son radoub. Je ne crois pas que l'on ait jamais pensé à faire de Bassin dans la Méditerranée, parce qu'il n'y a ni flux ni reflux sensible, & apparemment que l'on a jugé impossible d'en pouvoir pratiquer. Celui que je propose se pourra construire par-tout où l'on le jugera à propos.

On ne m'a fait jusqu'à présent que deux objections ; la premiere est sur la grandeur de la porte, le poids d'eau qu'elle a à soutenir, & la force qui lui est nécessaire pour résister. Je réponds qu'elle est presque du double des autres en hauteur ; mais qu'elle n'est pas plus difficile à manier, parce qu'elle est partagée suivant sa largeur dans le milieu de sa hauteur, & qu'effectivement on seroit obligé de la faire un peu plus forte pour l'Ocean à cause du flux & reflux & qu'elle auroit un plus gros volume d'eau à supporter dans le tems de la basse mer, à moins qu'on ne voulût y faire une double porte pour conserver exterieurement vingt pieds d'eau, qui feroit équilibre à un pareil volume de l'intérieur du Bassin, auquel cas la porte supérieure ne seroit chargée que de la hauteur de vingt à vingt-deux pieds, qui est le poids continu que les portes des Bassins ordinaires ont à soutenir. Par cette raison, il ne les faudroit pas plus fortes dans la Méditerranée, parce qu'il y auroit toujours vingt à vingt-deux pieds d'eau à leur exterieur.

L'on m'a objecté en second lieu que ce Bassin n'étant propre que pour un vaisseau, deviendroit insuffisant dans des tems où l'on feroit preffé de conftruire ? j'imaginai pour lors une conftruction plus génerale en augmentant, fans doute, la dépenfe.

1731.
N°. 347. 348. 349. 350.
PLANCHE IV. FIG. I. & II.

Ce dernier projet eft de faire deux formes ABCD, BEFG femblables à celle de la *Planche* II. enfuite conftruire à l'extrémité de la forme BEFG une feconde forme feche EHIF; ces deux formes feroient féparées par la porte EM (Figure II.) & comme il feroit poffible de faire que ces vaiffeaux fuffent en même-tems en état d'être mis à la mer, voici la manœuvre qu'il faudroit y employer.

L'on fermera d'abord la premiere porte AD, & l'on remplira d'eau, comme il a été dit, la capacité ABEHIFGL; les deux vaiffeaux RP étant à flot, on fermera la porte EF, ou EM (Figure II.) afin de tenir le vaiffeau P fur l'eau, pendant que le premier R fortira: ce premier vaiffeau étant forti tout-à-fait des premieres formes, on refermera la grande porte AD & on commencera par remettre de l'eau dans la capacité ABEFGL jufqu'au niveau de l'eau confervée dans la forme EHIF; on ouvrira la porte EF; ces deux eaux fe mettront naturellement de niveau, & on fera fortir le dernier vaiffeau comme le premier.

L'on me dira peut-être que pendant la fortie du premier vaiffeau il fe perdra beaucoup d'eau de la derniere forme, foit parce qu'elle pourroit fourciller, ou qu'on ne pourroit étancher la porte. Il y a un remede à cet inconvenient, qui eft que pendant le tems de la premiere manœuvre on pourra faire jouer les Machines, qui de chaque côté fourniroient de l'eau dans des rigoles qui la conduiroient dans la derniere forme; ce qui dédommageroit de la perte de celle que l'on y voudroit conferver: ces rigoles ne fe trouvent point marquées dans cette Planche, parce que j'ai fait cette réfléxion depuis qu'elle eft gravée; mais elles doivent être femblables à celles qui font pratiquées dans le premier projet & qui fourniffent de l'eau aux puits qui environnent le Baffin.

M. le Chevalier de Luine chef d'Escadre, & M. le
1731. Chevalier de Bethune Capitaine de vaisseau, tous deux
N°. 347. très-entendus dans ces matieres, ont bien voulu m'honorer
348. de leur attention, & m'ont fait connoître bien des
349. avantages qu'on pourroit tirer de ce Bassin, tels que la
350. facilité que l'on auroit de le construire à Brest; en se servant de celui qui y est en usage, l'on trouveroit 24 pieds ½ de murs, il ne resteroit plus qu'à fortifier ces mêmes murs, & à les élever de 19 à 20 pieds au-dessus du rez de chaussée, & construire à l'extrémité de celui-là le Bassin sec; ces Messieurs m'ont fait remarquer qu'il seroit aisé d'y fournir de l'eau, au moyen d'un ruisseau qui passe tout le long dans l'intérieur de la Corderie; on le pourroit rendre assez abondant pour y fournir beaucoup d'eau en peu de tems, & s'il ne suffisoit pas, on pourroit y ajouter la pompe du Chapelet que l'on placeroit sur un simple bati à l'extérieur de la porte, & ce même bati serviroit à la faire résister à la poussée de l'eau, & par ce moyen, l'on supprimeroit la dépense des Machines.

Il résulteroit encore d'autres avantages. 1°. On pourroit sur les terres rapportées, bâtir des Ateliers plus parfaits que ceux dont on se sert actuellement: dans ces Ateliers seroient les grandes & petites Forges, la Menuiserie, la Peinture, la Sculpture, & enfin les derniers Engards pour construire les Canots & les Chaloupes; ensuite le même terrain étant prolongé, viendroit en plan incliné jusqu'au bord de la mer, où l'on feroit des Chantiers pour bâtir des
PLANCHE II. Frégates. Toutes ces choses se peuvent voir à l'inspection des Figures I. II. & Vme. qui est un profil pris extérieurement le long du Bassin. 2°. Les Quais ne seroient pas si-tôt affuinés, ni si-tôt ruinés par le poids énorme d'un vaisseau. 3°. On auroit plus de liberté le long des Ateliers, les Quais ne se trouvant plus si forts embarrassés. 4°. Les Magasins ne seroient plus masqués, & par ce moyen deviendroient plus éclairés; les cales mêmes ne seroient pas inutiles; on

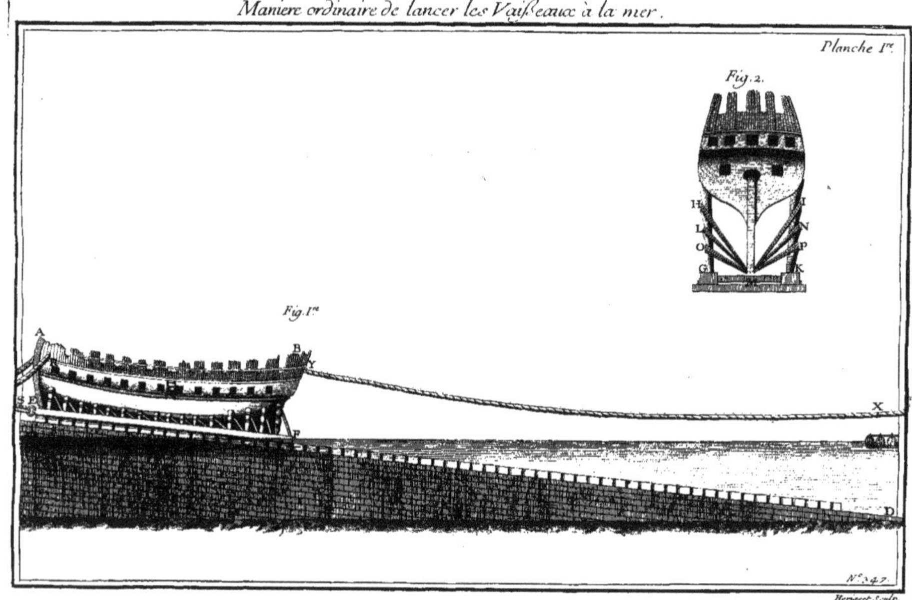

Maniere ordinaire de lancer les Vaisseaux à la mer.

Bassin pour construire et Radouber les Vaisseaux du Roy

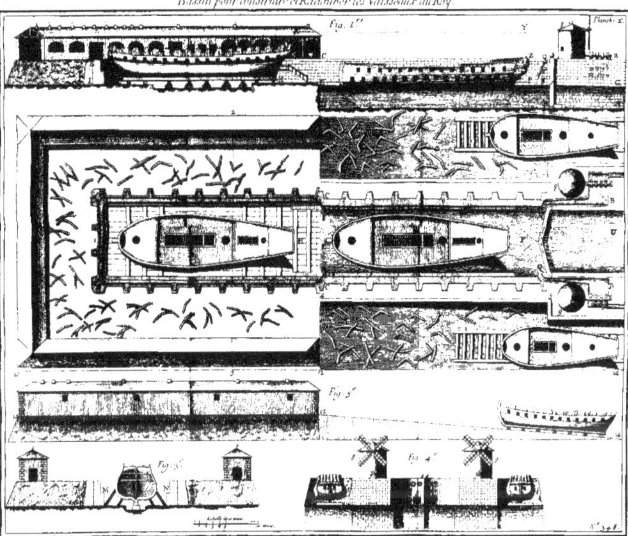

Bassin pour Radouber les Vaisseaux.

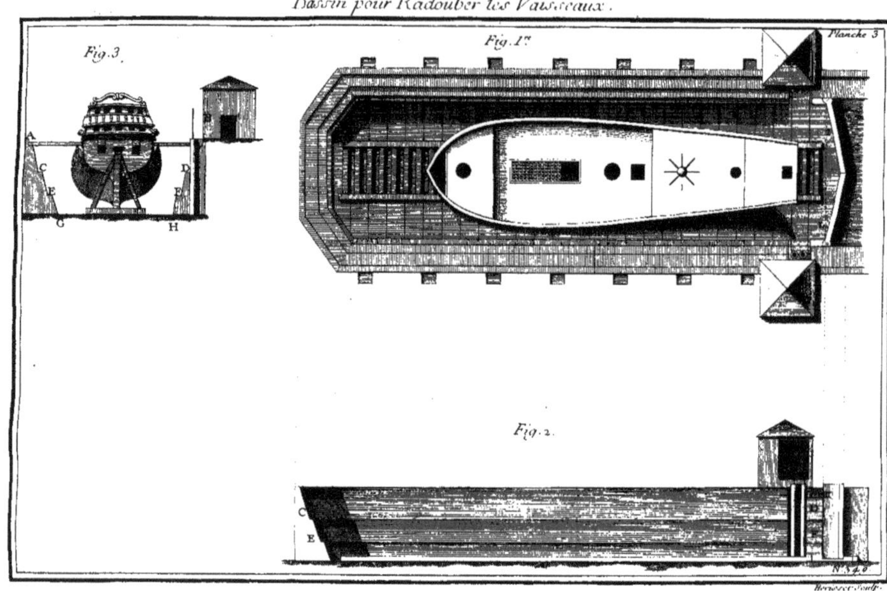

Bassin pour construire plusieurs Vaisseaux.

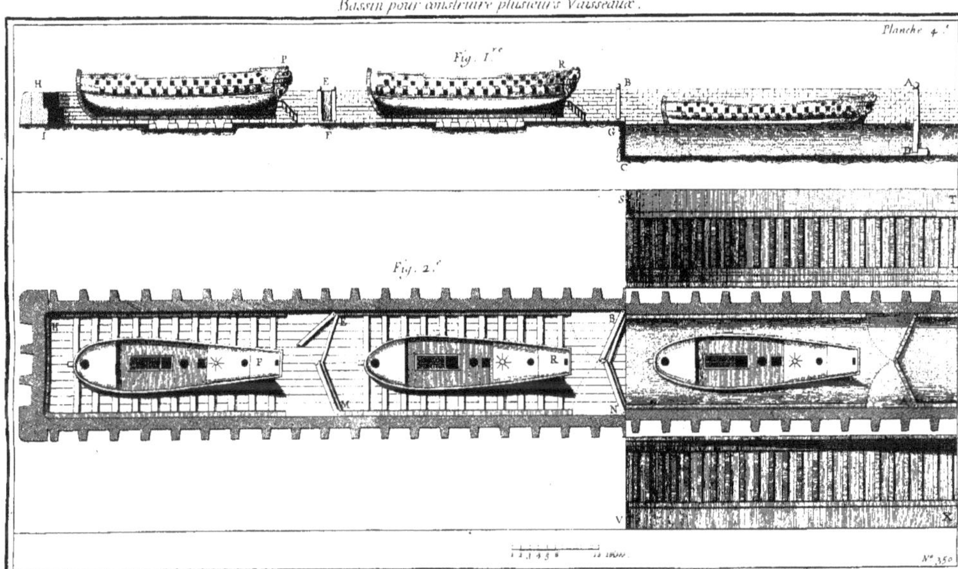

Gallon invenit. Herisset Sculp.

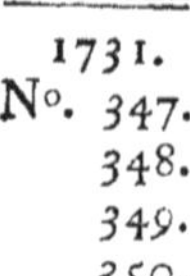

y pourroit construire dans le besoin, sur-tout des Frégates, quoique sujettes aux mêmes inconveniens, mais qui 1731.
ne seroient pas si fréquens ni si considérables, parce que N°. 347.
leur poids n'approche pas de celui des gros vaisseaux. 348.

A l'égard du Port de Rochefort, on sçait les dépenses 349.
que l'on a faites pour parvenir à l'épuisement du Bassin de 350.
ce Port, qui ont été sans succès. De plus ce Bassin est très-incommode pour sa longueur, qui deviendroit cependant favorable, si on le vouloit rendre conforme à ce projet. A l'égard de sa largeur, elle donne une peine infinie à accorer un vaisseau par la difficulté qu'il y a de placer les accorts horisontaux.

J'ai cru devoir ajouter ici le Certificat de l'Académie Royale des Sciences, qui a examiné ce projet.

EXTRAIT

DES REGISTRES

DE L'ACADEMIE ROYALE DES SCIENCES.

Du 7. Fevrier 1731.

1731. MESSIEURS de Mairan, du Fay, & Pitot qui avoient été nommés pour examiner un projet pour la construction des Vaisseaux dans les Ports de la Mediterranée proposé par M. Gallon, qui consiste en ce qui suit.

On construit un Bassin semblable à ceux de Brest & de Rochefort, qui servent actuellement aux Vaisseaux qu'on veut radouber & carenner; les bords en sont élevés de quarante-deux pieds; il contient de l'eau jusqu'à la hauteur de vingt pieds; & à l'extrémité la plus éloignée de la mer, on en bâtit un second, dont le fond est élevé de vingt-deux pieds au-dessus de celui du premier, & dont les bords n'ont que vingt pieds de haut, de sorte qu'ils sont de niveau avec ceux du premier; c'est dans ce second que l'on construit le Vaisseau à sec, & l'Auteur y menage toutes les commodités nécessaires pour le travail. Lorsque le Vaisseau, qui est dans le second *Bassin*, est fait, on ferme les portes qui laissoient entrer l'eau dans le premier, & par le moyen de plusieurs corps de pompes placés auprès de ces portes on acheve de remplir le premier Bassin, & par conséquent on remplit le second; car leurs capacitées capacités ne sont point separées, & alors le Vaisseau se trouve à flot naturellement. On le fait passer ensuite du second Bassin dans le premier, & on en laisse sortir l'eau peu à peu par plusieurs sabords pratiqués dans les portes, de sorte que lorsqu'il y en a vingt pieds d'écoulés, le Vaisseau se trouve au niveau de la mer ; il n'y a plus alors de difficulté à ouvrir les portes, qui n'ont aucune charge d'eau, & le vaisseau sort du second Bassin avec autant de facilité que du premier. 1731.

En ayant fait leur rapport, & ayant ajouté que l'Auteur avoit proposé que pour épargner le travail des hommes & des chevaux aux pompes, on pourroit se servir de deux moulins à vent, ainsi qu'il se pratique en plusieurs endroits; que si on trouvoit les portes extraordinairement hautes, on pourroit les séparer en deux selon leur hauteur; qu'enfin si on vouloit construire plus d'un vaisseau à la fois, selon le projet de M. Gallon, il n'y auroit qu'à construire plusieurs Bassins l'un au bout de l'autre, qui seroient au niveau du second; qu'on feroit d'abord sortir le premier vaisseau, & ainsi des autres; que pour épargner le nombre des Bassins on ne s'en serviroit que pour les gros vaisseaux; & que l'on construiroit sur des cales à l'ordinaire les Frégates qui ne souffrent pas tant, lorsqu'on les lance à la mer.

La Compagnie a jugé que le projet de M. Gallon étoit nouveau, & différent à plusieurs égards de ce qui se pratique à Marseille, où l'on construit actuellement des Galeres; que par là on éviteroit les inconveniens très-considérables de la maniere ordinaire de lancer à l'eau; que ces Bassins donneroient dans tous les Ports de la Mediterranée la commodité de radouber & carenner les vaisseaux sans les coucher sur le côté & enlever les bouts par des pontons, ce qui en dérange souvent la construction; qu'on ne pouvoit qu'approuver le projet, & en désirer

l'exécution, à moins qu'il ne se trouvât quelque difficul-
1731. té imprévûë, ou quelque empêchement local dans les Ports particuliers. En foi de quoi j'ai signé le présent Certificat, à Paris ce 9. Février 1731. Signé FONTENELLE, Secretaire perpetuel de l'Académie Royale des Sciences.

MACHINE

POUR PLACER LES PIECES A MARQUER, SOUS LES QUARRÉS DE LA MONNOYE, INVENTÉE PAR M. DU BUISSON.

1731. N°. 351.

L'ON sçait assez quelle est la construction des Machines qui servent à marquer les piéces de Monnoye, ainsi on ne s'arrêtera point à décrire la partie ABCD de cette Machine qui est commune aux autres; car les quarrés CD sont pour l'empreinte de la piéce, qui est posée sur le quarré inférieur C, pendant que le quarré supérieur D frappe & marque la piéce par le moyen de la vis EF à laquelle est fixée la barre GH, qui avec la vis & le quarré qui lui est attaché, forme ce qu'on appelle balancier. Comme il arrive quelquefois que l'Ouvrier ou se coupe les doigts, ou place la piéce de travers par la crainte de se trouver pris entre les deux quarrés; voici une Machine au moyen de laquelle tout homme pourra travailler au balancier, marquera fort bien la piéce & ne courra aucun risque.

1731. Elle consiste à attacher une corde à l'extrémité G du

N°. 351. balancier, laquelle est dirigée par un petit rouleau horisontal sur la roue I, où elle est fixée en se roulant à la droite de la circonference. L'arbre de cette roue prolongé porte une seconde roue K; toutes deux sont mobiles sur leur axe, qui tourne librement dans les montans où ces axes sont engagés; sur cette seconde roue K est fixée une corde qui s'enveloppe autour de la circonférence d'un sens opposé à celle qui est appliquée sur la premiere roue I: c'est cette seconde roue K, qui avec la corde fait mouvoir perpendiculairement la principale piéce de la Machine; cette piéce est formée de deux triangles LM, que l'on voit déplacés de la Machine & marqués par les lettres italiques *a b c d e f*: ces deux triangles dont chacun est rectangle, sont opposés par une partie de leur côté *c b*, *e d*, de maniere que leurs saillies se trouvent à droite & à gauche de la perpendiculaire, dans laquelle se trouve la corde *c i* & le poids P; la piéce LM ou *a f*, passe tout au travers de la plate-forme de la Machine, & principalement dans les ouvertures NO, faites au milieu de deux planches QR posées l'une sur l'autre, & qui sont à coulisse dans le solide ST, de maniere qu'elles peuvent être chassées tantôt à un bout, tantôt à l'autre de la Machine. Les usages de ces deux planches sont de porter la monnoye sur le quarré, & de l'y laisser pour être marquées; elles sont représentées à part & marquées en italique par les lettres *g h k i m n*, & *g h* est la premiere planche, au milieu de laquelle est la rainure *k i*: à l'extrémité *h* est un trou rond, environ du diametre de la piéce à marquer; cette piéce est soutenue par la planche inférieure *m n*, qui a aussi une ouverture dans son milieu suivant sa longueur, qui répond à l'ouverture *k i* de la premiere planche, excepté que la rainure de la planche inférieure finit en *o*, & qu'elle est plus courte que l'ouverture supérieure à laquelle elle répond. La piéce LM ou *a f*, porte deux chevilles en *c d*, qui font mouvoir alternativement le double étrier VXYZ, mobile autour des deux cloux VZ, pendant que les autres branches YX font mouvoir dans des coulisses le petit chassis 3 qui porte le petit levier 5, lequel bouche & débouche alternativement l'ouverture inférieure de la trémie cylindrique 6, dans laquelle les piéces qui doivent être marquées sont contenues; ces piéces ne tombent que l'une après l'autre, & sont dirigées dans l'ouverture de la planche qui les porte sur le quarré par le plan incliné, 7, 8, dans lequel elles tombent successivement. Voici quelles sont ses opérations.

L'on suppose une piéce placée sur le quarré C, si pour la marquer vous tirez le balancier par son extrémité H suivant la direction *H z*, il arrivera que la corde GI en se déroulant fera élever la piéce LM par le moyen de la seconde roue K, alors la cheville *d* élevera nécessairement le double étrier X, qui poussant le chassis 3, le levier 5 laissera passer une piéce qui coulera sur le plan incliné 7, 8, & se placera d'elle-même à l'extrémité de la planche *l n*. Cette planche par le même mouvement de bas en haut est chassée par la partie saillante du triangle inférieur M; & comme les quarrés CD ne laissent entre eux qu'un intervale égal à l'épaisseur de la planche supérieure, son bord rencontrant la piéce qui a été marquée d'abord par le premier mouvement du balancier, l'oblige de sortir, & de tomber du côté 9; & la planche inférieure qui soutient la piece dans l'ouverture de la planche supérieure, venant à rencontrer le bord du quarré C, est obligée de reculer & de ne laisser que la premiere planche, au travers de laquelle la piéce passe pour se placer sur le quarré: pendant tous ces mouvemens l'on a supposé que l'extrémité *H* parcouroit l'arc H *z*. Si à présent on lache en *z* l'extrémité H, il arrivera que la saillie du triangle L, qui tend toujours à descendre étant tirée par le poids P, rencontrera plûtôt la planche *g h*, que son inférieure *l m*, & la tirera d'entre les

1731. N°. 351. quarrés pour la remettre dans son premier état ; c'est-à-dire, qu'elle se placera à la partie inférieure du plan incliné 7, 8, pour recevoir une piéce, lorsque la cheville *d* débouchera la tremie qui a été bouchée dans la descente du triangle par la cheville *c*, & ainsi de suite en tirant & lâchant alternativement le balancier, ces opérations se répéteront autant de fois.

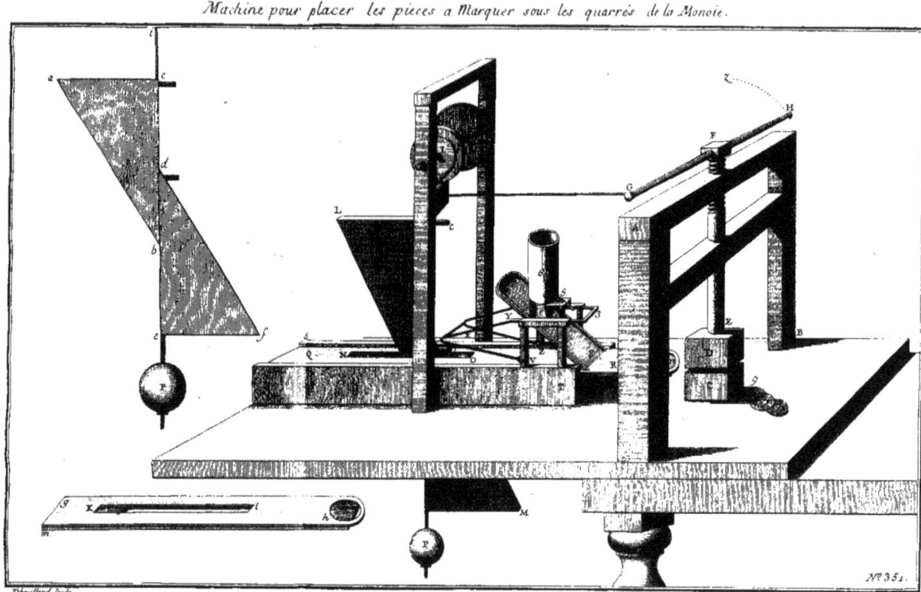

Machine pour placer les pieces a Marquer sous les quarrés de la Monoie.

MACHINE HYDRAULIQUE,

INVENTÉE PAR MESSIEURS DENISART ET DE LA DEUILLE, ECCLESIASTIQUES,

PRESENTÉE A L'ACADEMIE PAR M. LE BRUN.

1731.
No. 352.
353.
354.
355.
356.
357.
PLANCHE I.

ABCD est un assemblage de charpente, dans lequel est un bassin composé de deux plateaux de bois MN, posés l'un sur l'autre & creusés en rond, pour former le bassin qui est revêtu de cuir par haut & par bas. Dans ce bassin est un piston qui a à peu près le même diametre que l'intérieur du bassin où il est pratiqué; il lui est assujéti par un cuir pris dans les joints des piéces MN, de maniere qu'il ne peut monter & descendre dans le bassin que de trois à quatre pouces; quatre tuyaux sont adaptés à ce bassin,

deux en dessous & deux en dessus. Le premier tuyau Q
1731. est celui de la source, le second tuyau S est le tuyau mon-
N°. 352. tant, le troisiéme R est le tuyau de sortie, & le quatriéme
353. T est le tuyau descendant; les traverses OP, de même que
354. les autres HG, sont pour affermir les piéces MN. Les deux
355. leviers EF, qui ont leur centre de mouvement au point
356. E, portent sur une traverse G fixée à la tige du piston; ces
357. leviers sont chargés d'un poids équivalent au poids de la colonne d'eau de la source. La partie G sur laquelle sont les leviers, porte encore une longue vis V garnie de deux écroux, qui font hausser & baisser alternativement le balancier ILH composé de deux bassins, qui ont communication entre eux par deux tuyaux qui les assemblent, ensorte que l'eau contenue dans un des bassins peut passer dans l'autre, suivant les déterminations que les écrous leur donnent : un troisiéme tuyau Z sert au passage de l'air d'un des bassins dans l'autre. Aux extrémités de ce balancier sont engagées des tiges qui ouvrent & ferment des soupapes adaptées aux tuyaux de sortie & descendant. Ces soupapes sont construites de la maniere suivante.

La soupape est enfermée dans un petit coffre *ab*; dans ce coffre est un cone tronqué *i* couvert, & auquel est adapté le tuyau. Le couvercle de ce cone tient à l'axe *c* par une pate d'écrevice; à ce même axe *c* tient la tige *e*, qui est celle qui s'engage dans le balancier. La partie *i* de la soupape étant bouchée par le cone plein qui tient à la pate d'écrevice, toute la soupape étant noyée, la colomne d'eau ne coutera à élever qu'en raison des diametres des bases. Il arrivera que si l'on vient à faire descendre la tige *e*, le cone plein qui a un mouvement contraire, débouchera le cone creux *i*, & que l'eau n'aura aucune difficulté à passer dans les tuyaux *dr*; si au contraire l'eau éleve la même tige *e*, la soupape se refermera & le tuyau sera bouché.

MOUVEMENT

MOUVEMENT DE LA MACHINE.

1731. N°. 352. 353. 354. 355. 356. 357. PLANCHE II.

La ſource L étant ſuppoſée de 10. pieds l'eau, s'introduit par le tuyau ITV deſſous le grand piſton A, qui étant pouſſé par cette eau s'éleve naturellement & porte le poids des leviers proportionné à ſa force ; ce piſton en s'élevant fait ſortir l'eau BB, dont il eſt chargé par le tuyau F de ſortie ; par cette élevation l'écrou N porte le balancier & l'éleve, d'où il arrive que le balancier ayant paſſé l'horiſontale, l'eau contenue dans le baſſin O paſſe dans le baſſin Q ; alors l'extrémité O éleve la tige R, qui ferme la ſoupape H du tuyau F ; enſuite le baſſin Q appuyant ſur la tige S ouvre la ſoupape X du tuyau de deſcente G ; l'eau de la ſource priſe deſſous le grand piſton monte par le tuyau montant ZZ. Le tuyau V étant bouché, pour lors le piſton eſt chargé du poids de l'eau du tuyau de deſcente ſuppoſé à 30 pieds G de la charge des léviers. Par la deſcente du piſton, le balancier eſt ramené par l'écrou ſupérieur Y, & l'eau repaſſant du baſſin Q dans le baſſin O ferme la ſoupape X du tuyau Z & ouvre la ſoupape H ; & ainſi ſucceſſivement l'eau eſt montée.

Il faut obſerver qu'à la tige du grand piſton il y en ait un ſecond BW qui ſoit proportionné à la chute de la ſource & à la hauteur dont on veut faire redeſcendre la partie d'eau néceſſaire pour faire le mouvement de la Machine, lequel piſton tient lieu de retranchement au baſſin ſupérieur pour qu'il ne puiſſe pas redeſcendre autant d'eau qu'il en monte. Exemple : Soit une ſource de dix pieds de chute, & ſuppoſant qu'on veuille monter l'eau à 20 pieds, & que l'on ſouhaite conſerver la moitié de cette quantité, il faudra à la rigueur que le retranchement ou le petit piſton ſoit de la valeur du demi diametre du baſſin d'en-haut ; en ce cas les 20 pieds de deſcente vaudront 10 pieds du diametre du baſſin de deſſous, lequel étant joint au poids que la

source a élevé, qui est de 10 pieds, donnera la force suffi-
1731. sante pour faire équilibre à la hauteur de 20 pieds; par con-
N°. 352. séquent il faudra faire le retranchement un peu moins grand
353. pour faire descendre un peu plus d'eau, afin d'avoir la dé-
354. termination requise.
355. Si l'on veut faire un jet ou nape d'eau de cinq pieds de
356. hauteur, il faudra faire redescendre à peu près les trois
357. quarts de l'eau.

PLANCHE III. Cette Figure est la Machine doublée pour donner toujours de l'eau ; elle ne différe en rien de la précédente quant à la Mécanique; cependant étant un peu plus compliquée, on a cru qu'il falloit s'en tenir à la Machine suivante.

PLANCHE IV. FIG. I. & II. La source A fournit de l'eau par le tuyau ABC en dessous du piston inférieur D; cette source supposée à 10 pieds éleve le piston de cette quantité. Le tuyau de descente EFG élevé à 30 pieds, fournit de l'eau en dessous du piston supérieur H, & tend à l'élever aussi de 30 pieds de force, pour lors l'eau comprimée en-dessus du même piston H est forcée de monter par le tuyau montant ILM, pendant ce tems l'eau contenuë en-dessus du piston inférieur D s'écoule par le tuyau de sortie N, la soupape O pouvant s'ouvrir au moyen de la tige P, qui a rapport au mouvement de l'étrier QR (Fig. I.) qui s'éleve & s'abaisse avec les pistons tenant à leur tige commune S; la seconde soupape T s'ouvre & se ferme de la même façon que la premiere soupape O. Ces mouvemens étant transportés du côté OP, la source V supposée encore à dix pieds, le tuyau VX fournira l'eau en-dessus du piston supérieur H, l'eau du tuyau de descente YY dont le réservoir est à 30 pieds chargera le piston inférieur D en dessus, & forcera l'eau de monter par le tuyau ZW à la hauteur de 40 pieds; pendant cette opération l'eau contenue en-dessous du piston supérieur H a la liberté de couler par le tuyau de sortie K, sa soupape T étant ouverte. Par ce mouvement alternatif, l'on voit que la Machine fourniroit continuellement de

l'eau, tantôt d'un côté & tantôt de l'autre : quant aux Machines qui servent à ouvrir & fermer les soupapes, elles 1731.
sont les mêmes dont on a parlé dans les Machines précé- N°. 352.
dentes ; on ne fait que les appliquer à la tige 4 de l'étrier 353.
QR placé au centre des pistons, & qui tient, comme on 354.
l'a déja dit, à la tige commune des mêmes pistons enfermés 355.
dans les bassins 2, 3 ; l'élevation & l'abaissement de l'étrier 356.
est déterminé par la distance que les bassins 2, 3, laissent 357.
entre eux.

Le cercle de fer 5, 6, garni d'écrous, sert à retenir les plateaux qui composent chaque bassin.

Il est inutile de dire que l'on doit garnir les tuyaux de plusieurs clapets pour empêcher l'eau de revenir aux endroits dont elle est partie.

Si l'on avoit un bâtiment, au-dessus duquel on voulût élever de l'eau, on se serviroit de la Machine suivante.

La source A est supposé élevée de dix pieds ; si l'on veut puiser de l'eau dans un puits fort profond, on attache les deux pistons AB aux extrémités d'un arbre vertical ; la partie inférieure C doit être noyée : on ajuste à la source le tuyau DEF, qui est le tuyau montant ; EG est celui qui fournit de l'eau au-dessus du piston B ; HIL est le tuyau de descente qui fournit de l'eau au dessous du piston C ; l'extrémité M est le tuyau de sortie, qui s'ouvre & se ferme par des soupapes NO ; au tuyau montant sont des clapets P, E, qui empêchent le retour de l'eau dans sa source ; voici le jeu de la Machine. Supposant la soupape O ouverte, l'eau de la source remplira la capacité occupée par le piston B, la piéce CB descendra, puisque l'eau contenue dessous le piston C s'écoulera par le tuyau de sortie CLM, la soupape O étant ouverte & la soupape N fermée : si ensuite on referme la soupape O, & que l'on ouvre l'autre soupape N, l'eau du tuyau de descente HIL, supposé élevée de 50 pieds, chargera le piston C en dessous, & obligera l'eau qui est au-dessus de B de monter PLANCHE V.

par le tuyau GEF, l'eau ne sçauroit revenir dans la source
1731. A, puisque le clapet P lui bouche son passage. Le balan-
N°. 352. cier qui doit ouvrir & fermer les soupapes ON doit être
353. placé à la tige des pistons à quelque endroit, comme R.

354. La Machine suivante est pour changer l'eau d'un bassin
355. dans l'autre.

356. Soit une source A qui est supposée 12 heures à remplir
357. le bassin ABD, si l'on veut au bout de ce tems faire passer
PLANCHE l'eau du côté O par un canal de communication, on se
IV. servira d'un tambour CD creux, & qui puisse s'élever à mesure que l'eau monte. Ce tambour porte à son centre une tige HF garnie des chevilles HG. PSR est un balancier garni des bassins PR, mobile au point S; ce balancier est semblable à celui dont on se sert pour faire mouvoir la premiere Machine; il est garni de même d'un tuyau V qui sert au passage de l'air. ILMN est une soupape qui est élevée & abaissée par la tige IM garnie des chevilles IL, l'eau étant montée assez haut pour que la cheville H éleve le balancier, & qu'il prenne la situation *p r*, il arrive que ce balancier venant à heurter sur la cheville L, la tige LM en descendant ouvre la soupape N, & l'eau sort par le tuyau O pour remplir le second reservoir. Cette eau peut-être employée à faire agir la premiere Machine.

Machine Hydraulique

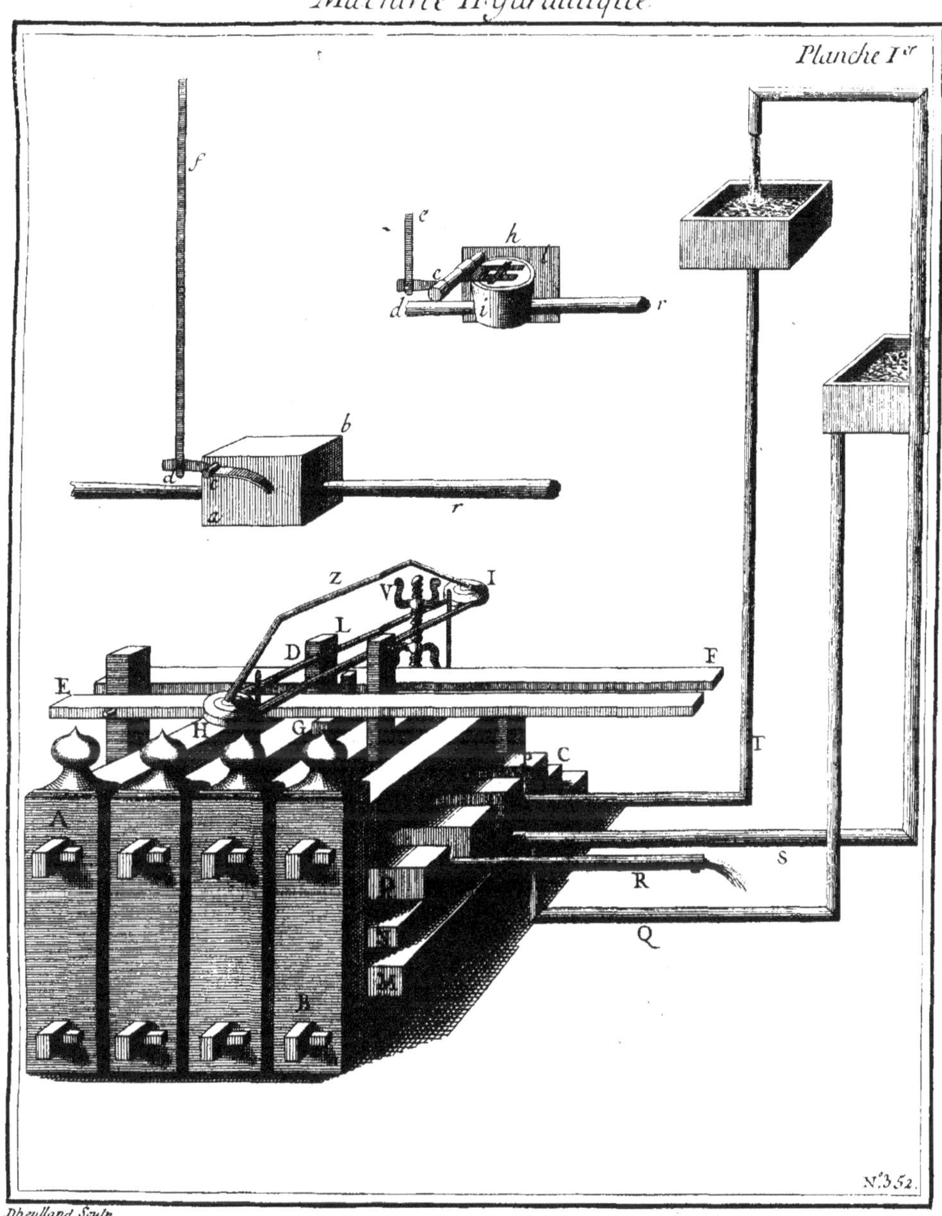

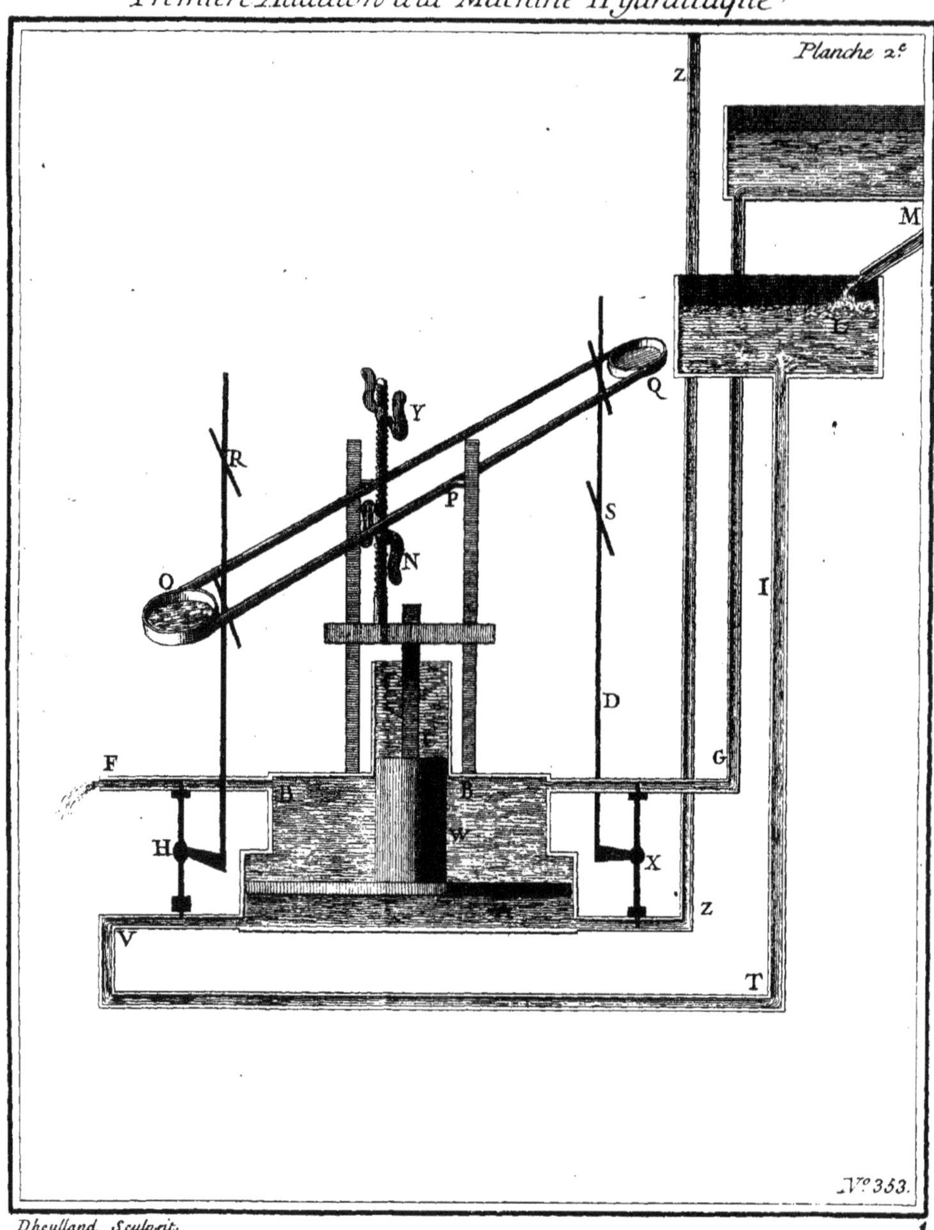
Premiere Addition a la Machine Hydraulique
Planche 2e
Z
M
Q
Y
R
P
S
N
O
I
D
F
G
B
W
H
X
Z
V
T
N° 353.
Dheulland Sculpsit.

2. Addition a la machine a elever de l'Eau.

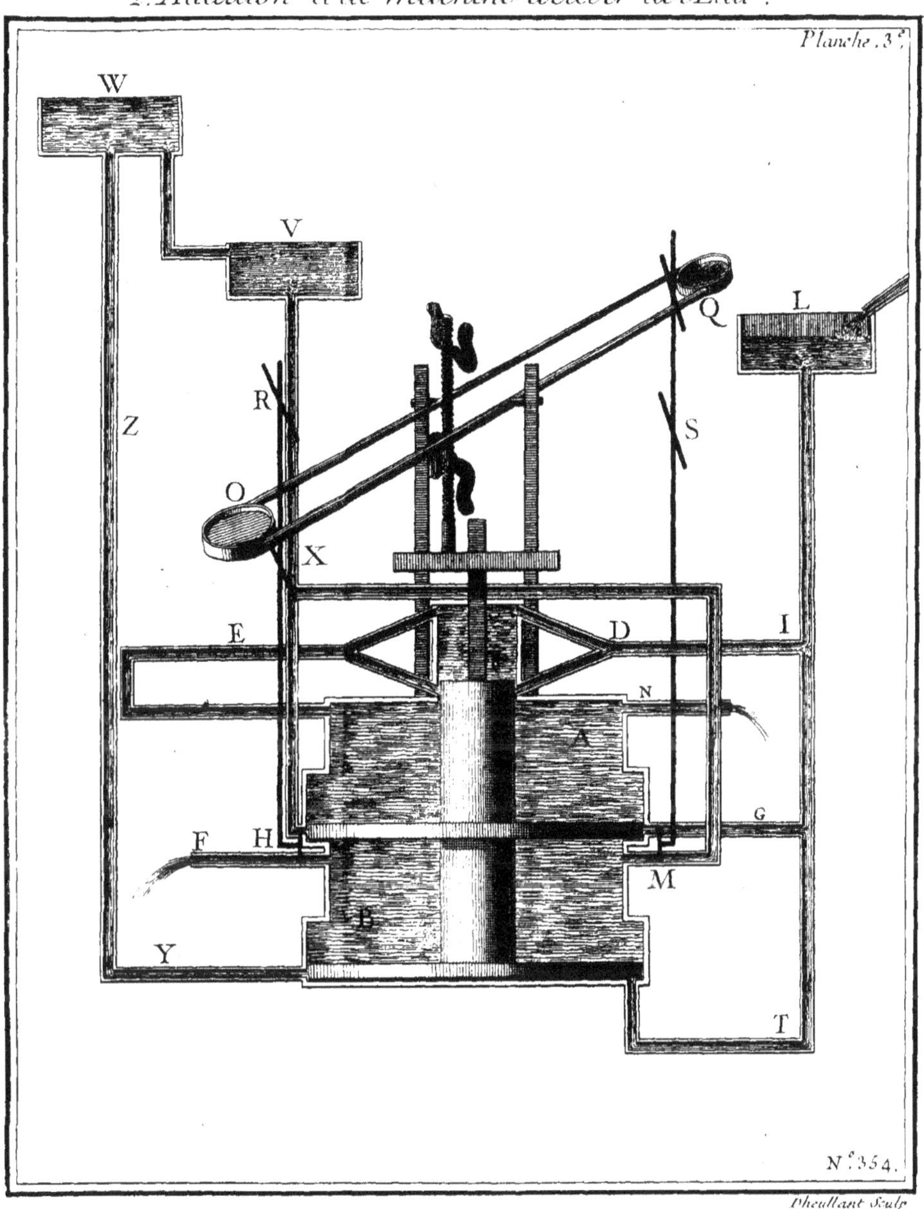

Pheullant Sculp.

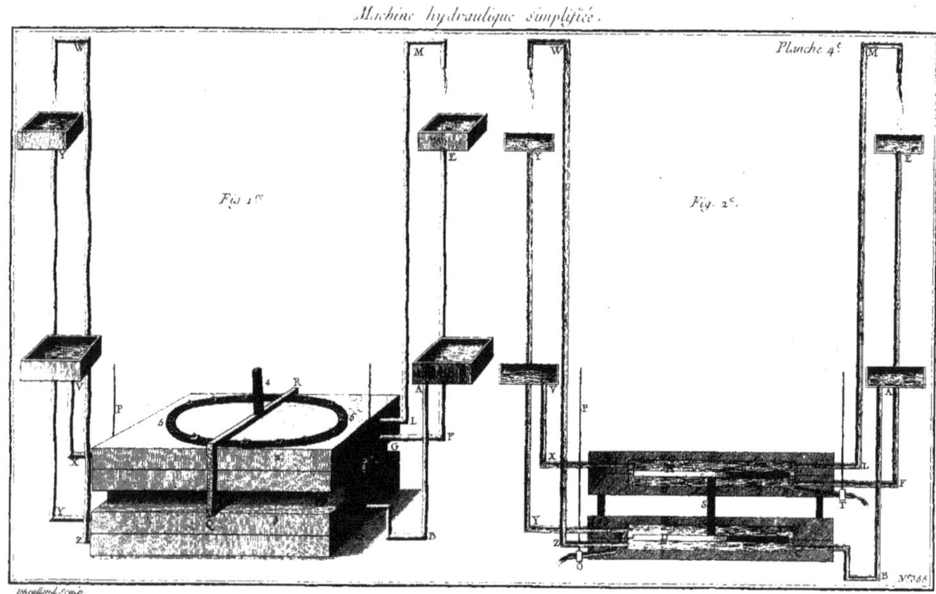
Machine hydraulique simplifiée.
Planche 4e.
Fig. 1re
Fig. 2e
W
M
Y
E
V
A
P
X
L
F
G
R
Z
B
S
T
O
No. 368
Dheulland Sculp.

Seconde Machine hidraulique simplifiée

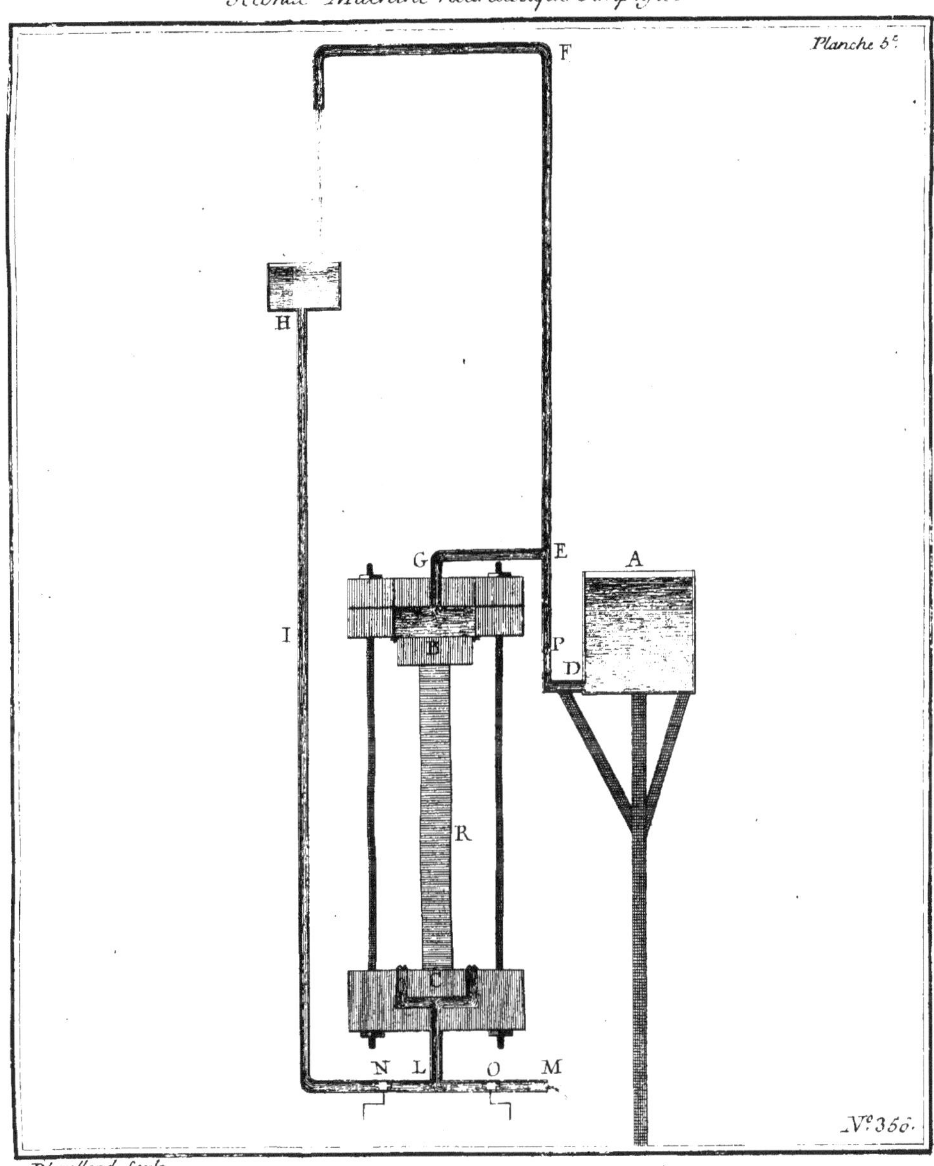

Dheulland Sculp.

Application de la Machine Hydraulique.

TARIF

POUR

FAIRE PLUSIEURS OPERATIONS

D'ARITHMETIQUE,

INVENTÉ

PAR M. DE MEAN.

1731. N°. 358.

CE Tarif eſt la table de Pythagore ; connuë ſous le nom de Table de Multiplication, on en a ſeulement augmenté les uſages, en le faiſant ſervir à pluſieurs calculs. Pour opérer on prend les caſes en différens ſens ſuivant la Méthode que l'on va décrire & que l'on va appliquer aux quatre premieres Regles.

La diagonale 1, 4, 9, dont les caſes ſont ombrées, marque les quarrés de la colomne A, qui n'eſt pouſſée que juſqu'à 20. A l'extrémité BL ſont les cubes des mêmes nombres; la premiere rangée AL ne va que juſqu'à 24; ce qui fait une Table aſſez étenduë pour la plûpart des uſages ordinaires.

1731.
N°. 358.

DE L'ADDITION.

Si les nombres que l'on veut additionner ne sont composés que de deux chiffres, & qu'ils se trouvent placés à côté l'un de l'autre dans les deux premieres colomnes AF, comme les deux nombres 5, 10, le nombre 15, somme de 5 & 10, se trouve sur la même ligne dans la troisiéme colomne G, immédiatement après les deux nombres; il en est ainsi de tous les chiffres compris dans les colomnes AF; la colomne G renferme dans le même ordre la somme de ces chiffres pris ensemble de la façon qu'il a été dit : mais si l'on avoit à additionner des nombres qui se trouvassent à tout autre endroit de la Table, par exemple, si l'on avoit le nombre 21 à ajouter avec 28, tous deux placés à côté l'un de l'autre dans les deux colomnes GH, pour lors on avanceroit à droite sur la même ligne d'autant de cases que 28 est éloigné de la premiere; ainsi nous voyons qu'il y a trois cases devant 28 : je cherche en avançant sur la droite trois cases par delà & je trouve 49 sommes des deux nombres donnés. Si l'on a de grands nombres, comme dans les colomnes MN, & que l'on ait dans les cases horisontales C, le nombre 160, & 176 à ajouter ensemble, il faut conter vers la droite du nombre 176 autant de colomnes qu'il y en a devant lui vers la gauche, la dixiéme colomne sur la même ligne donne 336 sommes de 160 & 176 nombres proposés. Si les nombres étoient fort grands, & qu'au lieu de 160, & 176, l'on voulût additionner 1600 avec 1760, on ne feroit qu'ajouter deux zero à la fin du produit 336 pour avoir 33600 : il en est de même de tous les nombres compris dans cette Table.

1731.
N°. 358

SOUSTRACTION.

La soustraction étant la contre partie de l'addition ; il suffira d'en donner quelque exemple. Lorsque les nombres que l'on veut soustraire sont placés immédiatement l'un après l'autre , le reste de la soustraction se trouve toujours sur la même ligne horisontale de la premiere colomne A. Par exemple , si l'on veut ôter 18 de 24 placé dans les colomnes GH , le reste 6 se trouve dans la colomne A. Si l'on avoit 39 à soustraire de 52 dans les mêmes colomnes GH , le reste 13 se voit dans la colomne A sur la même ligne horisontale ; mais si vous aviez 18 , qui est dans la colomne G à soustraire de 30 , 30 se trouve à deux cases sur la droite au-delà de 18 , il faudra en ce cas doubler le chiffre 6 , qui donnera 12 , reste de la soustraction ; & si l'on vouloit ôter 18 de 42 , il faudroit quadrupler le chiffre 6 pour avoir 24 , parce que 42 se trouve de quatre cases éloigné de 18 , & ainsi de suite.

MULTIPLICATION.

Pour multiplier un nombre par un autre ; on cherche dans la rangée AMEL un de ces nombres & l'autre dans la colomne AC , & l'on cherche en descendant le nombre qui se trouve répondre à celui de la colomne A , où l'on s'est arrêté , la section de ces deux lignes donne le produit d'un nombre par un autre. Par exemple , si l'on veut multiplier 16 par 16 , on cherche ce nombre dans la rangée AL ; & comme il se trouve répondre à la lettre E , on cherche pareillement 16 dans la colomne A ; ce nombre qui répond à la lettre C , étant conduit de gauche à droite , le produit

1731. N°. 358.

256 se trouve à la section des deux lignes CE; il en est de même de tous les nombres compris dans ce Tarif.

DIVISION.

Si l'on veut diviser un nombre par un autre, comme 176 par 16, on cherche dans la colomne A le nombre 16, & ensuite venant vers la droite par la même ligne, on cherche 176, & remontant perpendiculairement au point N, l'on a 11 qui est le quotient : si l'on ne trouvoit pas le nombre à diviser dans aucune des rangées, on prendroit celui qui en approchera le plus. Lorsque le nombre est fort grand, on a la liberté d'ajouter des zero tant qu'il est nécessaire.

DE LA REDUCTION DES FRACTIONS en moindre dénomination.

Pour reduire une fraction à une moindre expression, il faut chercher le dénominateur & le numerateur dans les colomnes, & faire ensorte que ces nombres se trouvent placés dans l'ordre qu'ils doivent être, c'est-à-dire, le dénominateur sous le numerateur; il ne faut point s'embarrasser des chiffres qui peuvent se trouver entre deux; par exemple, si l'on veut réduire $\frac{30}{40}$, l'on trouve ces deux nombres placés dans la colomne M. Il faut être averti que la premiere colomne A fait toujours la réduction ainsi des deux nombres 30 & 40, je viens à la premiere colomne A, & sur le même alignement, je vois que 3 répond à 30 & 4 à 40. J'aurai donc $\frac{3}{4}$ pour la fraction réduite; l'on fera de même pour quelque nombre que ce soit. Comme si l'on avoit $\frac{55}{187}$, on trouvera ces nombres dans la colomne N, & tirant sur la colomne A, on voit que 5 répond à 55 & 17 à 187,

la

la fraction est donc réduite à $\frac{1}{17}$. Il en est de même de toutes les autres fractions.

Cette Table doit être gravée dans le milieu de l'instrument du même Auteur approuvé en 1724. que l'on trouve décrit page

Tarif pour faire plusieurs operations d'Arithmetique.

	A	F	G	H						M	N					E										
	1	2	3	4	5	6	7	8	9	10	11	12	13	14	15	16	17	18	19	20	21	22	23	24	1	L
	2	4	6	8	10	12	14	16	18	20	22	24	26	28	30	32	34	36	38	40	42	44	46	48	8	
	3	6	9	12	15	18	21	24	27	30	33	36	39	42	45	48	51	54	57	60	63	66	69	72	27	
	4	8	12	16	20	24	28	32	36	40	44	48	52	56	60	64	68	72	76	80	84	88	92	96	64	
	5	10	15	20	25	30	35	40	45	50	55	60	65	70	75	80	85	90	95	100	105	110	115	120	125	
	6	12	18	24	30	36	42	48	54	60	66	72	78	84	90	96	102	108	114	120	126	132	138	144	216	
	7	14	21	28	35	42	49	56	63	70	77	84	91	98	105	112	119	126	133	140	147	154	161	168	343	
	8	16	24	32	40	48	56	64	72	80	88	96	104	112	120	128	136	144	152	160	168	176	184	192	512	
	9	18	27	36	45	54	63	72	81	90	99	108	117	126	135	144	153	162	171	180	189	198	207	216	729	
	10	20	30	40	50	60	70	80	90	100	110	120	130	140	150	160	170	180	190	200	210	220	230	240	1000	
	11	22	33	44	55	66	77	88	99	110	121	132	143	154	165	176	187	198	209	220	231	242	253	264	1331	
	12	24	36	48	60	72	84	96	108	120	132	144	156	168	180	192	204	216	228	240	252	264	276	288	1728	
	13	26	39	52	65	78	91	104	117	130	143	156	169	182	195	208	221	234	247	260	273	286	299	312	2157	
	14	28	42	56	70	84	98	112	126	140	154	168	182	196	210	224	238	252	266	280	294	308	322	336	2744	
	15	30	45	60	75	90	105	120	135	150	165	180	195	210	225	240	255 D	270	285	300	315	330	345	360	3375	
C	16	32	48	64	80	96	112	128	144	160	176	192	208	224	240	256	272	288	304	320	336	352	368	384	4096	
	17	34	51	68	85	102	119	136	153	170	187	204	221	238	255	272	289	306	323	340	357	374	391	408	4913	
	18	36	54	72	90	108	126	144	162	180	198	216	234	252	270	288	306	324	342	360	378	396	414	432	5882	
	19	38	57	76	95	114	133	152	171	190	209	228	247	266	285	304	323	342	361	380	399	418	437	456	6859	
	20	40	60	80	100	120	140	160	180	200	220	240	260	280	300	320	340	360	380	400	420	440	460	480	8000	B

CHAISE ROULANTE,

INVENTÉE

PAR M. MAILLARD.

LA Chaise *AB* eſt pour ſe faire mener par un homme aſſis en Z ſur le train de derriere, qui fait mouvoir les grandes roues. 1731. N°. 359. FIG. I & II.

L'engrénage qui ſert à cet uſage eſt renfermé dans deux joues F G, placées ſur les brancards; chaque joue contient un pignon R, qui engréne dans une roue N, au centre de laquelle eſt encore un ſecond pignon P, formé par des fuſeaux fichés autour de ce même centre à une diſtance convenable. Ce pignon mene une ſeconde roue M, qui porte encore un pignon ſemblable à celui qui eſt deſſus la premiere roue; enfin ce dernier pignon fait mouvoir la troiſiéme roue L, fixée à l'eſſieu des grandes roues: cet eſſieu qui doit tourner avec les grandes roues, porte à l'endroit des brancards des petites poulies TI, qui facilitent les révolutions du même eſſieu, qui ſe font par le moyen d'une manivelle que l'homme aſſis fait mouvoir; & comme il y a deux mouvemens ſemblables, il y a auſſi deux manivelles que la même puiſſance fait agir; à chaque mouvement eſt un volant S, qui ſert à entretenir l'uniformité du rouage & à faciliter la puiſſance quand ils ſont une fois en mouvement; une troiſiéme roue E qui forme l'avant-train, ſert à diriger la Chaiſe où l'on veut. Cette roue qui tient à une chape ſemblable à celle des

poulies simples se peut mouvoir sur elle-même ayant une
1731. traverse, aux extrémités de laquelle sont des cordons que
N°. 359. la personne assise dans la Chaise tire à soi pour diriger la roue, & par conséquent la Chaise du côté qu'elle veut aller.

Chaise Roulante que lon fait aller par une personne assise derriere.

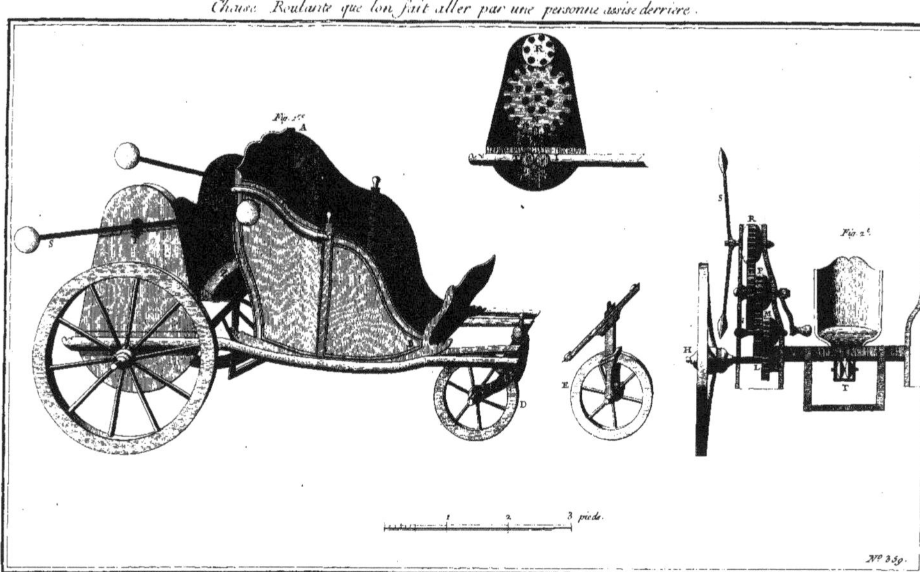

Dheulland sculp.

AUTRE CHAISE ROULANTE,

INVENTÉE

PAR M. MAILLARD.

1731. N°. 360.

LA seconde Chaise ABC est pour se mener soi-même ; le brancard est soutenu derriere par une petite roue E, les jouës OPQ qui contiennent les mouvemens, sont placées à côté ; mais elles répondent au-dedans de la Chaise ; chaque mouvement consiste en un pignon F ou L, (Voyez le profil & le plan du rouage.) & en une roue MH, qui porte à son centre un second pignon qui engréne & fait mouvoir la roue I ou N, fixement attachée à l'essieu des grandes roues D ; chaque mouvement a de même que la premiere Chaise, une manivelle G, que celui qui est dans la Chaise fait tourner : on n'a point mis de volants à cette Machine, parce qu'ils nuisent plus qu'ils ne servent, d'autant que cela charge l'équipage & rend le rouage dur à mener dans le commencement ; ainsi on peut les supprimer dans la premiere Figure.

Fin du cinquième Volume.

Chaise roulante, au moyen de la quelle on se peut mener soi même.

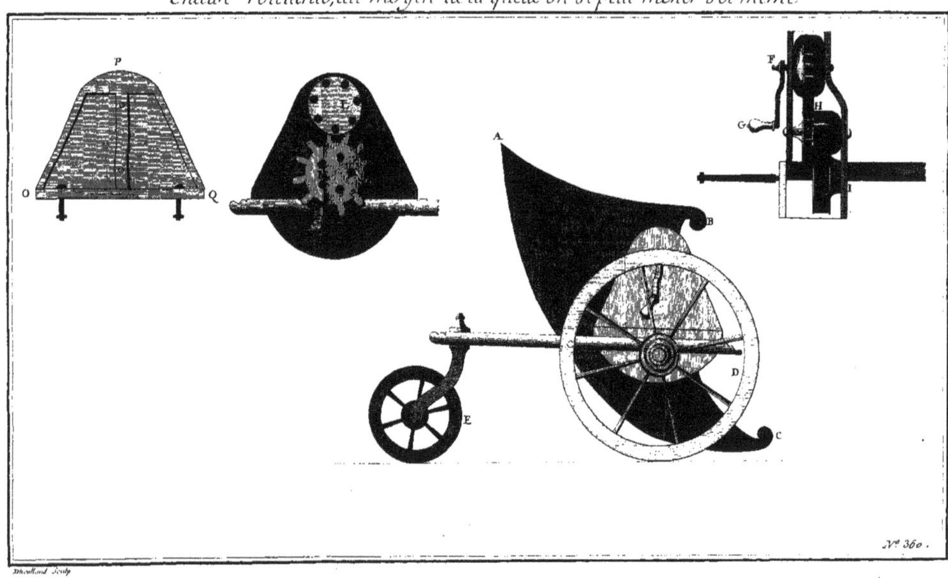

www.ingramcontent.com/pod-product-compliance
Ingram Content Group UK Ltd.
Pitfield, Milton Keynes, MK11 3LW, UK
UKHW020317230726
13925UKWH00002B/477

9 782013 419499